RÉDUIRE LES ÉMISSIONS DE GAZ À EFFET DE SERRE DES SERVICES D'EAU ET D'ASSAINISSEMENT

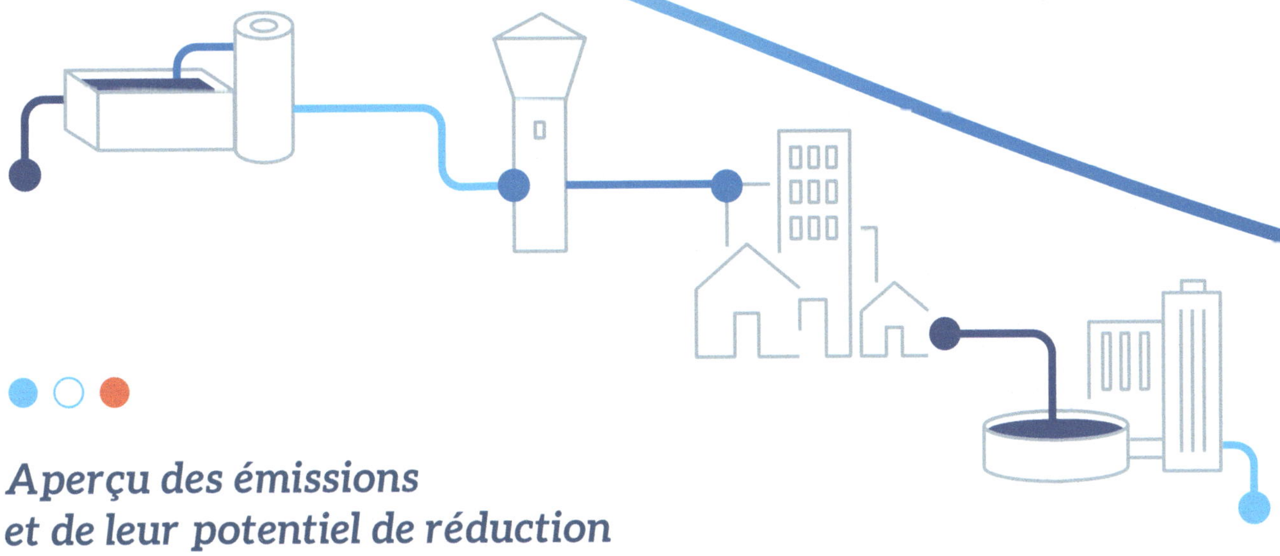

Aperçu des émissions
et de leur potentiel de réduction
illustré par le savoir-faire des services d'eau

IWA PUBLISHING

Co-published by IWA Publishing,

Unit 104-105, Export Building, Republic,
1 Clove Crescent, East India,
London E14 2BA, UK

Tel. +44 (0) 20 7654 5500
Fax +44 (0) 20 7654 5555

publications@iwap.co.uk

www.iwapublishing.com

ISBN: 9781789063271 (eBook)
DOI: 10.2166/9781789063271

NOTE ÉDITORIALE

Pourquoi ce rapport ?

Un nombre croissant de villes, tant dans l'hémisphère sud que dans l'hémisphère nord, connaissent un stress hydrique chronique. La Californie, notamment, a connu une année de sécheresse sans précédent, et Chennai, en Inde, a atteint le « jour zéro » en juillet 2019, ce terme indiquant que la ville a épuisé, ce jour-là, toutes ses ressources d'eau locales disponibles. Du fait du réchauffement climatique, les situations de ce type vont devenir de plus en plus fréquentes dans le monde, comme en témoigne la carte du stress hydrique établie par le World Resources Institute (WRI, Institut des ressources mondiales)[1]. L'eau est l'un des principaux indicateurs du changement climatique et les modifications des régimes hydriques nécessiteront la mise en œuvre de nombreuses mesures d'adaptation dans tous les secteurs qui sont dépendants des ressources en eau. Le Partenariat Français pour l'Eau (PFE) a réuni dans cette publication un inventaire des solutions déployées par les opérateurs français. Les membres de la communauté de pratique CSU (Climate Smart Utilities, Services climato-intelligents) de l'Association internationale de l'eau (IWA) ont contribué à ce rapport en qualité de réviseurs, dans le but d'aider les services d'eau urbains à devenir des « leaders du climat » en développant des mesures d'adaptation et d'atténuation.

Le traitement et le transport de l'eau potable et des eaux usées représentent entre 1 et 18 % de la consommation d'électricité des zones urbaines[2]

La capacité à mettre à disposition des usagers des volumes suffisants d'eau de bonne qualité repose non seulement sur une bonne gestion des ressources en eau, mais aussi sur des technologies telles que le dessalement, qui nécessitent une quantité d'énergie supplémentaire importante. Pour atteindre les Objectifs de Développement Durable (ODD), nous devons explorer les moyens permettant de réduire la pression exercée sur les ressources naturelles, notamment en améliorant l'efficacité des procédés de production, et ce dans un contexte où la croissance démographique génère des besoins croissants.

Le traitement et le transport de l'eau potable et des eaux usées représentent entre 1 et 18 % de la consommation d'électricité des zones urbaines[2]. Comme il est présenté dans ce rapport, le secteur de l'eau peut contribuer à la réduction des émissions de gaz à effet de serre (GES) liées à l'énergie, mais aussi à celle des émissions directes et indirectes associées aux activités qui fournissent ce service.

Après un aperçu de l'origine des émissions, le rapport passe en revue les mesures éprouvées permettant de réduire les émissions de GES, qui s'articulent autour des trois piliers suivants :

1. Mise en œuvre d'approches **simples et efficaces** : réduction des fuites, économies d'eau et d'énergie, etc. ;

2. Adoption des principes de l'**économie circulaire** : recyclage des eaux usées, production d'énergie sur site, etc. ;

3. **Décisions et stratégie** pour soutenir la transition vers la neutralité carbone : achat d'énergie verte et de fournitures bas carbone, formation, sensibilisation ou structures de gouvernance adaptées.

Ces solutions sont illustrées par des exemples concrets mis en œuvre par ou pour des collectivités locales.

Il est important de noter qu'outre les solutions déployées par les services d'eau, les consommateurs ont également un rôle à jouer dans la réduction des émissions associées au cycle urbain de l'eau, en diminuant leur consommation, notamment pour la production d'eau chaude. Les progrès considérables réalisés dans l'habitat et la conception des appareils et équipements ont par exemple permis de réduire les besoins en eau des ménages. Les usagers peuvent aussi influer sur les besoins énergétiques associés au traitement des eaux usées en s'informant sur ce qui peut ou ne peut pas passer dans les conduites d'eaux usées, notamment en ce qui concerne les micropolluants.

Le présent rapport propose une vue d'ensemble des émissions de GES et des solutions permettant de les réduire, celles-ci étant illustrées par des exemples du savoir-faire français ou international en la matière. En France, nous observons que les besoins en eau potable se sont stabilisés au cours des trois dernières décennies, alors même que la population a augmenté et que les services fournis aux ménages se sont améliorés. Ce constat montre à quel point il est important d'optimiser l'ensemble des aspects qui peuvent améliorer l'efficacité du service, y compris les émissions de GES. Alors que les services se concentrent désormais sur les mesures d'adaptation aux répercussions du changement climatique, la possibilité qui nous est offerte de contribuer aussi à la réduction des émissions doit être au cœur de nos préoccupations, pour que nous puissions apporter notre pierre à l'édifice, et motiver nos concitoyens à faire de même, dans l'optique d'atteindre la neutralité carbone.

Chacune des solutions illustrées dans ce rapport est spécifique à son contexte, et a pour but d'inciter (et d'inspirer) le lecteur à repenser son application dans les conditions qui lui sont propres. Ce rapport est une boîte à outils qui, nous l'espérons, sera utile aux responsables locaux et aux personnes chargées de la conception et de la gestion de ces services essentiels aux besoins humains, aussi bien en milieu urbain que rural.

> **Chacune des solutions illustrées dans ce rapport est spécifique à son contexte, et a pour but d'inciter (et d'inspirer) le lecteur à repenser son application dans les conditions qui lui sont propres**

CO-SIGNED BY:

Jean Launay
Président du Partenariat
Français pour l'Eau

Kala Vairavamoorthy
directeur exécutif de
l'Association internationale
de l'eau (IWA)

Jean-Luc Redaud
Président du groupe de travail PFE
« Réchauffement climatique et
changements environnementaux
globaux »

1. WRI (Institut des ressources mondiales) - Aqueduct Water Risk Atlas (Atlas des risques liés à l'eau dans les aqueducs
2. Marc Florette, Léon Duvivier, Eau et Énergie sont indissociables,

Le **Partenariat Français pour l'Eau** (PFE) est la plateforme de référence des acteurs français de l'eau publics et privés, actifs à l'international. Il porte depuis 15 ans un plaidoyer au niveau international pour que l'eau constitue une priorité dans les politiques du développement durable et favorise les échanges entre les savoir-faire français et ceux des autres pays. Il promeut avec ses différents membres (État et établissements publics, collectivités, ONG, entreprises, instituts de recherche et de formation ainsi que des experts qualifiés) des messages collectifs pour l'eau dans des enceintes internationales telles que les Forums Mondiaux de l'Eau, les COP Climat et Biodiversité et les Forums politiques de haut niveau sur les Objectifs de développement durable.

L'Association internationale de l'eau (IWA) est le réseau des professionnels de l'eau qui œuvrent pour un monde dans lequel l'eau est gérée de manière responsable, durable et équitable. Regroupant des professionnels exceptionnels de plus de 140 pays, les membres de l'IWA sont des scientifiques, des chercheurs, des entreprises technologiques, des services d'eau et d'assainissement, ainsi que d'autres parties prenantes impliquées dans la gestion de l'eau. Axée sur le secteur mondial de l'eau, l'association a été lancée sous son identité actuelle en 2000, s'appuyant sur un héritage de 70 ans de mise en relation des professionnels de l'eau du monde entier.

L'IWA a récemment lancé l'initiative "**Climate Smart Utilities** " pour aider les services d'eau, d'eaux usées et de drainage urbain à améliorer leur résilience en s'adaptant au dérèglement climatique tout en contribuant à une réduction significative et durable des émissions de gaz à effet de serre.

RÉDACTION ET COORDINATION : Alexandre ALIX (French Water Partnership), Laurent BELLET (EDF), Corinne TROMMSDORFF (Water Cities), Iris AUDUREAU (French Water Partnership)

COMITÉ DE PILOTAGE : Alberto AQUISTAPACE (Solidarités International), Camille ARNAULT (Agence de l'Eau Rhône Méditerranée Corse), Guillaume AUBOURG (Programme Solidarité Eau), Vincent CASTAGNET (Up2green), Jean COMBY (Électriciens sans frontières), Muriel DESGEORGES (ADEME), Sébastien DUPRAZ (Bureau de recherches géologiques et minières), Caroline ORJEBIN (Suez), Jean-Eude MONCOMBE (Conseil mondial de l'énergie), Stéphane POUFFARY (Énergie 2050), Jean-Luc REDAUD (Partenariat Français pour l'Eau), Catherine THOUIN (CHF)

CONCEPTION GRAPHIQUE RÉALISÉE PAR : Anne-Charlotte DE LAVERGNE ([ancharlotte.fr])

NOUS TENONS ÉGALEMENT À REMERCIER LES PERSONNES CITÉES CI-APRÈS POUR LEUR CONTRIBUTION À CETTE PUBLICATION :
Léo BOUSQUET (Eau de Paris), Caroline CHAL (SYCTOM), Catherine CHEVAUCHE (Suez), Adeline CLIFFORD (ASTEE), Mathilde DENIAU (Veolia), Maxime FANTINO (ALEC Montpellier Méditerranée Métropole), Élodie FROSSARD (Association Migrations et Développement), Jérémie JAEGER (Ville de Paris), Laura LEFLOCH (Secours Islamique France), Solène LEFUR (ASTEE), Tristan MILOT (SIAAP), Camélia MORARU (Partenariat Français pour l'Eau), Armelle PERRIN-GUINOT (Veolia), Patrick SAMBARINO (Électriciens sans frontières), Marie-Laure VERCAMBRE (Partenariat Français pour l'Eau)

REVUE FINALE : Chapitre 1 : Jose PORRO (Cobalt Water), Martin KERRES (GIZ) / Chapitre 2 : Steven KENWAY (Université du Queensland), Gustaf OLSSON (Professeur émérite) / Chapitre 3 : Amanda LAKE (Jacobs), Martin SRB (PKV, Compagnie des eaux usées de Prague), Marie RØDSTEN SAGEN (Commune de Bergen) / Chapitre 4 : Martin KERRES (GIZ), Katharine CROSS (consultante)

MAY 2022

Table de matières

MAI 2022

Avant-propos

Vers une stratégie d'atténuation du changement climatique pour les services d'eau et d'assainissement

Les preuves scientifiques contenues dans les trois volets du 6ᵉ rapport (AR6) du Groupe d'experts intergouvernemental sur l'évolution du climat (GIEC)[3] nous rappellent une nouvelle fois qu'il est urgent de respecter les principes de l'**accord de Paris** signé en 2015. 195 pays se sont engagés à respecter l'objectif de limiter l'augmentation à long terme des températures mondiales à un « niveau bien inférieur à 2 °C » par rapport aux niveaux pré-industriels, et à poursuivre les efforts pour limiter cette augmentation à 1,5 °C en réduisant massivement leurs émissions de dioxyde de carbone et d'autres gaz à effet de serre (GES).

Le réchauffement climatique affecte particulièrement l'eau et il est encore difficile de mesurer l'impact qu'aurait le dépassement de cette limite des 2 °C. Tous les secteurs de la société sont concernés par la nécessité de réduire les **émissions de gaz à effet de serre. Selon des estimations ad hoc du secteur, les émissions des services d'eau et d'assainissement représentent entre 3 et 7 % des émissions de GES des villes.** À titre de comparaison, le secteur de l'aviation est responsable de 2 à 3 % des émissions mondiales de GES. Les émissions du secteur de l'eau sont imputables aussi bien au non-traitement des eaux usées et à la pollution des aquifères dans les pays moins développés qu'à l'exploitation des usines de traitement. Pour y remédier, le **GIEC** suggère des mesures d'atténuation telles que la **conversion des eaux usées en énergie, la réduction de la consommation d'eau et d'énergie**, ainsi que d'autres types d'actions qui s'inscrivent dans une démarche d'économie circulaire.

L'une des caractéristiques des services d'eau et d'assainissement est qu'ils sont interconnectés avec de nombreux autres secteurs comme l'énergie, l'agriculture, la production de biens et de services et la gestion des déchets. En conséquence, les émissions de gaz à effet de serre des services d'eau et d'assainissement sont susceptibles d'affecter, ou d'être affectées par ces autres secteurs. Par exemple, les déchets qui s'accumulent dans les rues après un épisode de fortes pluies peuvent obstruer les réseaux de collecte et provoquer des inondations, qui entraînent à leur tour une consommation d'énergie supplémentaire pour nettoyer les réseaux de collecte des eaux de pluie concernés et traiter les déchets et la pollution générés par ce phénomène, ce qui augmente indirectement les émissions de gaz à effet de serre des services d'assainissement.

En France, une feuille de route a été définie dans le cadre de la Stratégie Nationale Bas Carbone (SNBC) pour atteindre la neutralité carbone à l'horizon 2050 (ce qui est également un objectif de l'UE). Cette feuille de route va dans le même sens que l'objectif du « Pacte vert pour l'Europe » décidé par la Commission européenne, qui consiste à réduire, d'ici 2030, les émissions nettes de gaz à effet de serre « d'au moins 55 % » par rapport aux niveaux de 1990. Il est essentiel de mettre en œuvre des stratégies d'atténuation pour avoir une chance d'atteindre ces objectifs ambitieux.

Les problématiques liées à l'eau et au climat sont généralement considérées sous l'angle de l'adaptation au changement climatique. Dans le secteur de l'eau, les mesures d'atténuation potentielles n'ont jusqu'à présent pas été autant étudiées.

Le présent rapport s'inscrit dans le contexte plus large de l'interdépendance de l'énergie et de l'eau (appelée « nexus eau-énergie »), plutôt que dans celui, mieux connu, des besoins en eau du secteur de l'énergie, et reconnaît par-là que la nécessaire réduction des émissions de GES des services d'eau et d'assainissement va de pair avec la demande croissante en eau. Celle-ci devrait connaître une hausse de 50 %[4] entre aujourd'hui et 2030 à l'échelle mondiale, voire de 70 % pour ce qui est de l'eau potable, en raison des effets combinés de la croissance démographique, du développement économique et de l'évolution des modes de consommation. Les services d'eau potable et d'assainissement, traité dans cette étude, représente une partie non exhaustive des services d'eau dans la ville (ex : gestion des eaux pluviales).

Ce rapport synthétique vise à offrir une vue d'ensemble des leviers possibles pour réduire les émissions de gaz à effet de serre des services d'eau et d'assainissement, et analyse de quelle façon les mesures d'adaptation peuvent intégrer cette approche bas carbone.

---

3. Le Monde 23 juin 2021 Dérèglement climatique : l'humanité à l'aube de retombées cataclysmiques, alerte un projet du rapport du GIEC
4. Global Water Crisis – The Facts (La crise mondiale de l'eau - Constats), UNU (Université des Nations unies)/INWEH (Institut de l'eau, de l'environnement et de la santé), 2017

Réduire les GES
des services d'eau et d'assainissement

Distribution de l'eau

Stockage de l'eau

Collecte des eaux usées et pluviales

Traitement des eaux usées et pluviales

Traitement de l'eau

Captage de l'eau

Rejets dans le milieu récepteur

LÉGENDE

RISQUES

 CH_4, N_2O, Co_2 non liés à l'énergie

 Co_2 lié à l'énergie

 Risques liés au dérèglement climatique

LISTE DES ACTIONS D'ATTÉNUATION

SOBRIÉTÉ

- Réduire les pertes et fuites
- Efficience du fonctionnement des services
- Réduire la consommation des usagers en eau et en énergie liée à l'eau
- Traitement écologique des eaux usées et pluviales
- Gestion différenciée des eaux pluviales
- Restaurer et préserver la qualité et la quantité de la ressource

ECONOMIE CIRCULAIRE

- Valorisation ressources (eau, matière, nutriments)
- Valoriser le foncier des services d'eau et d'assainissement pour la production d'énergie solaire ou éolienne
- Valorisation de la chaleur
- Valorisation de l'énergie potentielle du réseau
- Valorisation énergétique des boues d'épuration

CHOIX STRATÉGIQUES

- Formation et sensibilisation
- Gouvernance et gestion intégrée de la ressource en eau
- Incitation économique à la consommation responsable
- Choix d'utiliser des intrants et de l'énergie bas carbone

1 Les émissions de gaz à effet de serre (GES) *des* services d'eau et d'assainissement dans un contexte de bouleversements planétaires

1. QUELLE EST LA DIFFÉRENCE ENTRE EMPREINTE CARBONE ET ÉMISSIONS DE GES ?

L'**empreinte carbone** mesure la quantité de gaz à effet de serre (GES) liée à une activité humaine. Elle dépend des émissions directes associées à cette activité, de l'énergie utilisée pour réaliser cette activité, notamment lorsqu'il s'agit de ressources fossiles, et de l'empreinte de la chaîne d'approvisionnement qui prend en compte les intrants et les extrants de l'activité, leur transport et leur empreinte carbone respectifs au cours de leur production et de leur utilisation.

Les émissions de GES sont classées en 3 catégories dites « scopes » par le **protocole** international **sur les gaz à effet de serre** : les **émissions directes** résultant directement de l'activité (scope 1), les **émissions indirectes** associées à l'énergie requise par l'activité (scope 2) et les émissions indirectes liées à l'activité mais induites par d'autres organisations (scope 3). Le présent rapport est axé principalement sur les émissions de scope 1 et 2, et évoque certaines émissions de scope 3, tout en gardant à l'esprit que les approches permettant d'évaluer ce dernier type d'émissions ne sont pas encore normalisées.

l'empreinte carbone d'une activité est un moyen de **mesurer son impact sur le climat mondial et d'identifier les activités qui émettent le plus de GES.**

En d'autres termes, l'empreinte carbone d'une activité est un moyen de mesurer son **impact** sur le climat mondial et d'**identifier les activités qui émettent le plus de GES**. Le chiffre obtenu sert d'outil pour orienter les décisions sur les **stratégies et les solutions** à adopter pour réduire les émissions de GES de l'activité considérée.

2. QUELLES SONT LES ÉMISSIONS DE GES DU SECTEUR ?

Dans les services d'eau et d'assainissement, les émissions découlent de l'énergie consommée et des émissions directes de protoxyde d'azote (ou oxyde nitreux) et de méthane produites pendant la gestion des eaux usées.

La gestion de l'eau et des eaux usées implique des procédés énergivores, qui entraînent une quantité importante d'émissions carbone lorsqu'ils font appel à des sources d'énergie fossiles. Selon l'Agence internationale de l'énergie, les processus liés au prélèvement, à l'approvisionnement et au traitement de l'eau et des eaux usées représentaient environ 4 % de la consommation internationale d'électricité en 2014[5].

En incluant la production d'eau chaude résidentielle, les besoins énergétiques totaux montent à 3 à 5 % de la consommation totale d'énergie primaire[7]. Au niveau mondial, la définition de « l'énergie liée à l'eau » donne lieu à beaucoup d'incohérences, la confusion venant partiellement de l'ambiguïté de certains termes comme « système », « approvisionnement » et « secteur ». Une analyse récente indique que l'eau peut impacter jusqu'à 12,6 % de la consommation nationale totale d'énergie primaire, si l'on tient compte à la fois de l'énergie liée à l'eau consommée par les utilisateurs d'eau et de l'énergie utilisée par les services d'eau, la production d'eau chaude pour les secteurs résidentiel, tertiaire et industriel représentant la part prédominante. Les services d'eau et d'eaux usées consomment entre 0,4 et 2,3 % de l'énergie primaire ou entre 0,6 et 6,2 % de l'électricité régionale, principalement pour le pompage.[6]

En incluant la production d'eau chaude résidentielle, **les besoins énergétiques totaux montent à 3 à 5 % de la consommation totale d'énergie primaire**

> *Figure 1*: **Énergie liée à l'eau en pourcentage de la consommation totale d'énergie primaire par pays ou région.**[7]

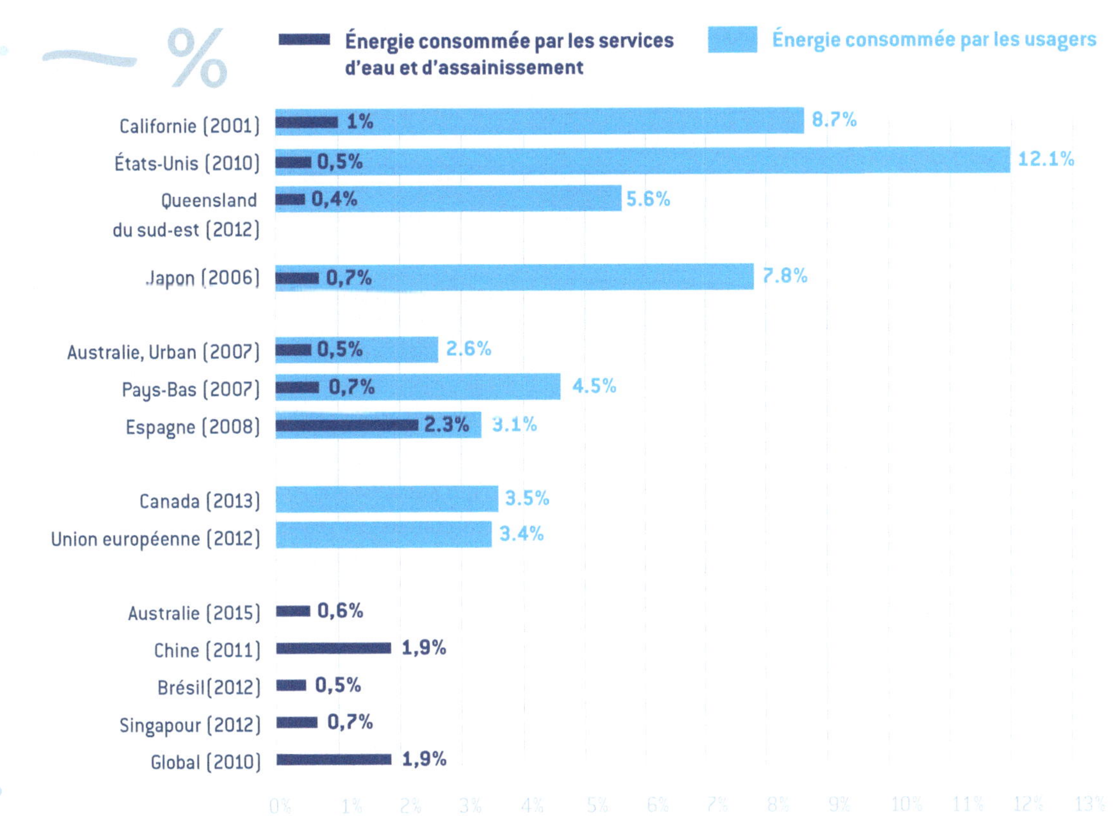

5. Agence internationale de l'énergie (2016) : Water Energy Nexus (nexus eau-énergie). Extrait du « World Energy Outlook 2016 ».

6. Kenway et. al. (2019) Defining water-related energy for global comparison, clearer communication, and sharper policy (Définir l'énergie liée à l'eau pour une comparaison mondiale, une communication plus claire et une politique mieux ciblée). Journal of Cleaner Production, 236 117502, 117502. Date de publication : 10.1016/j.jclepro.2019.06.333

7. La consommation totale d'énergie primaire couvre la consommation du secteur énergétique lui-même, les pertes survenant lors de la transformation (du pétrole ou du gaz en électricité, par exemple) et de la distribution de l'énergie, et la consommation par les utilisateurs finaux de tous les types d'énergie (électricité, gaz, essence, etc.).

On estime que le traitement des eaux usées dans des installations centralisées représente à lui seul environ **3 % des émissions mondiales de protoxyde d'azote.**

Le traitement des eaux usées peut en outre générer du méthane et du protoxyde d'azote, qui sont de puissants gaz à effet de serre. On estime que le traitement des eaux usées dans des installations centralisées représente à lui seul environ 3 % des émissions mondiales de protoxyde d'azote[8], et les émissions de méthane provenant des processus de collecte et de traitement des eaux usées environ 7 %[9] des émissions anthropiques de méthane. Des estimations ont montré qu'en 2021, 37 % des eaux usées urbaines mondiales n'étaient pas collectées et que 48 % n'étaient pas traitées[10], entraînant d'importantes émissions de protoxyde d'azote et de méthane susceptibles d'être réduites grâce à une gestion appropriée.

Aucun chiffre global n'est consolidé scientifiquement en ce qui concerne la part des services d'eau et d'assainissement urbains dans les émissions mondiales de GES, mais les estimations ad hoc réalisées par le secteur suggèrent qu'elle s'élèverait à 3 % environ, en incluant la production d'eau chaude sanitaire résidentielle. Des estimations ad hoc indiquent également que le potentiel d'émissions des services d'eau et d'assainissement urbains peut, par ordre d'importance, être catégorisé comme suit : 1/ production d'eau chaude des utilisateurs finaux, 2/ émissions directes de protoxyde d'azote et de méthane associées à la gestion des eaux usées, 3/ énergie consommée pour l'approvisionnement en eau potable, du prélèvement au traitement (pompage principalement), et 4/ énergie consommée pour la gestion des eaux usées. Une vue d'ensemble des types d'émissions de GES générées par les services d'eau et d'assainissement est présentée ci-après pour chacun des trois scopes du Protocole sur les GES.

ÉMISSIONS DIRECTES (SCOPE 1)

Émissions générées par le traitement des eaux usées et des boues d'épuration

Les émissions associées au traitement varient en fonction du niveau et du type de traitement. La dégradation de la matière organique et de l'azote présents dans les eaux usées produit deux types d'émissions :

- les **émissions de méthane (CH_4),** qui surviennent lorsque de l'eau contenant des quantités importantes de matières organiques (chaînes carbonées) reste en milieu anaérobie. Le méthane a un potentiel de réchauffement environ 30 fois supérieur à celui du dioxyde de carbone sur une échelle de temps de 100 ans. Il est toutefois 80 fois plus élevé sur une période de 20 ans[11], ce qui a conduit à la proposition de la COP26 de concentrer les efforts sur la réduction des émissions de méthane d'ici 2030 afin de freiner le réchauffement climatique global ;

- les **émissions de protoxyde d'azote (N_2O)** causées par la dégradation des composés azotés présents dans l'eau dans des conditions aérobies ou anoxiques. On estime que le potentiel de réchauffement du protoxyde d'azote est 300 fois supérieur à celui du dioxyde de carbone sur une échelle de temps de 100 ans.

8. Chiffres rapportés par Law et. al. (2012) pour les États-Unis et le Royaume-Uni : https://www.ncbi.nlm.nih.gov/pmc/articles/PMC3306625/

9. Fiche d'information GlobalMethane.org (2013) : Municipal Wastewater Methane: Reducing Emissions, Advancing Recovery and Use Opportunities (Méthane issus des eaux usées municipales : réduire les émissions, faire progresser la valorisation et les possibilités d'utilisation) (https://www.globalmethane.org/documents/ww_fs_eng.pdf)

10. Jones, E., *et al.* (2021) Country-level and gridded estimates of wastewater production, collection, treatment and reuse (Données estimatives à l'échelle des pays et maillées de la production, de la collecte, du traitement et de la réutilisation des eaux usées) https://essd.copernicus.org/articles/13/237/2021/

11. Rapport McKinsey "Curbing Methane Emissions" (Réduire les émissions de méthane), septembre 2021, pages 21-22

ÉMISSIONS INDIRECTES (SCOPE 2)

Il s'agit des émissions résultant de la production d'énergie par un tiers qui approvisionne les services d'eau et d'assainissement en énergie. Ces émissions sont généralement évaluées sur la base du mix énergétique du pays, et seront donc plus élevées si la part des combustibles fossiles dans le mix énergétique du pays est importante. On peut calculer les compensations lors de l'achat spécifique d'énergies renouvelables. Le paragraphe qui suit présente une vue d'ensemble de l'énergie consommée par les services d'eau et d'assainissement à l'échelle mondiale. La figure 2 ci-dessous donne un aperçu des liens entre les émissions de CO_2 et secteur urbain de l'eau.

ÉMISSIONS INDIRECTES (SCOPE 3)

Ces émissions sont induites principalement par :

- la construction ou l'amortissement d'actifs (construction et utilisation de biens de type bâtiments, canalisations, infrastructures, etc.),
- les produits chimiques et réactifs nécessaires,
- la réutilisation de sous-produits tels que les boues (compostage, épandage, etc.),
- le rejet dans les eaux de surface.

Parmi les émissions indirectes, on néglige trop souvent celles qui sont spécifiquement liées aux investissements en infrastructures, alors que les besoins d'investissements au niveau des services d'eau et d'assainissement sont particulièrement élevés dans les pays en développement. L'ADEME, l'Agence française de la transition énergétique, propose une méthode d'évaluation basée sur la comptabilisation des actifs qui répartit l'impact GES des investissements sur leur durée de vie.

> *Figure 2:* **Lien entre les services d'eau urbain et les émissions de CO_2** [12]

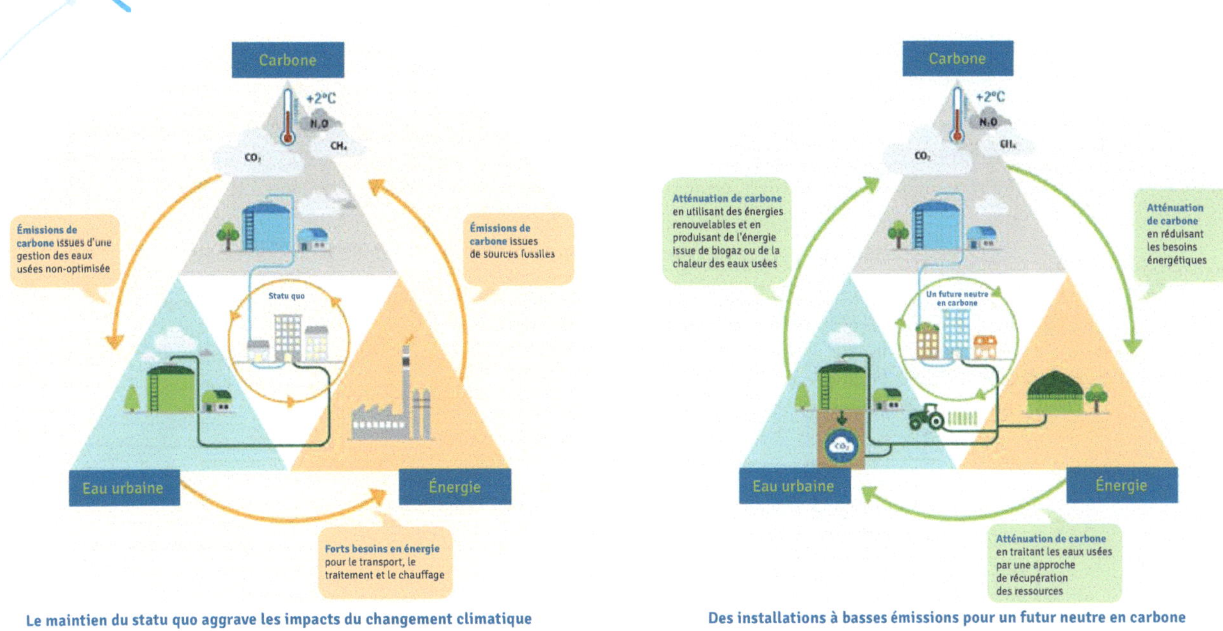

12. Source : La feuille de route pour un service public de l'eau urbain à faible émission de carbone de l'IWA
https://climatesmartwater.org/wp-content/uploads/2018/09/figure01_nexus_sidebyside-01.png

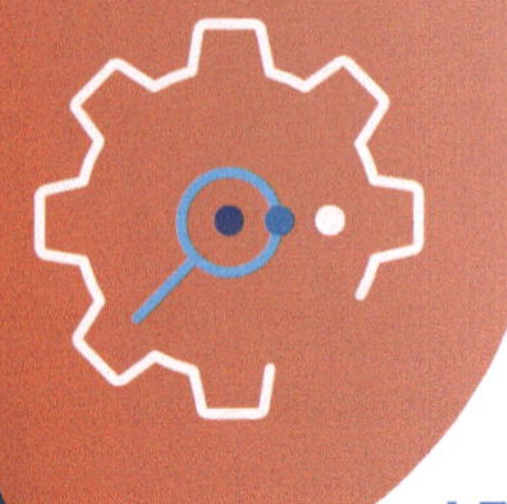

FOCUS : L'impact des choix technologiques sur les émissions de GES des services d'assainissement

LE CHOIX DES PROCÉDÉS D'ASSAINISSEMENT

La quantité d'émissions de GES varie en fonction du procédé d'assainissement utilisé. Une étude de l'Institut national de recherche pour l'agriculture, l'alimentation et l'environnement (INRAE)[13] relative aux procédés intensifs révèle que des technologies telles que les réacteurs discontinus séquentiels (SBR), les bioréacteurs à membrane (MBR) et les réacteurs à biofilm à lit mobile (MBBR) consomment plus d'énergie que les installations classiques de boues activées (CAS) ou les biofiltres. Lors du choix de la technologie, les gestionnaires doivent se demander si ces systèmes plus énergivores vont vraiment permettre de satisfaire des exigences auxquelles les procédés classiques moins énergivores ne seraient pas capables de répondre. Dans les grandes installations qui nécessitent la mise en œuvre de procédés intensifs, la méthode des boues activées est généralement plus pratique et moins gourmande en énergie que les bioréacteurs à membrane, par exemple. Indépendamment de l'énergie nécessaire, certains procédés de boues activées peuvent entraîner davantage d'émissions de protoxyde d'azote. Pour plus d'informations concernant le protoxyde d'azote, consulter la publication de l'IWA intitulée *Quantification and Modelling of Fugitive Greenhouse Gas Emissions from Urban Water Systems* (Quantification et modélisation des émissions fugitives de GES produites par les réseaux d'eau urbains) (Ye *et al.*, 2022).

Pour les systèmes d'assainissement individuels et les installations décentralisées de petite taille (jusqu'à 2 000 équivalents-habitants), il existe des traitements plus « rustiques », c'est-à-dire des techniques extensives comme le lagunage naturel ou les jardins filtrants. Ces procédés consomment généralement moins d'énergie que les installations de traitement biologique ou physico-chimique intensif, et produisent en outre de faibles émissions de méthane et de protoxyde d'azote lorsqu'ils sont bien gérés.

TRAITEMENT DES BOUES[14] :

Les émissions liées au traitement et à la réutilisation des boues doivent également être prises en compte. Différents procédés peuvent être utilisés pour réduire en plusieurs étapes la teneur en eau et le volume des boues. Le séchage solaire permet d'atteindre une siccité de 60 à 80 % et consomme entre 30 et 100 kWh/tonne de matière sèche (TMS). D'autres méthodes, comme les traitements par chaulage (10 kWh/TMS), la déshydratation par filtres à bandes (20 à 40 kWh/TMS) ou par filtres à plateaux (30 à 40 kWh/TMS), ou encore la centrifugation (60 à 80 kWh/TMS), permettent quant à elles d'obtenir une siccité de 20 à 30 %. Enfin, les procédés épaississeurs de boues, qui assurent une siccité de 3 à 8 %, présentent des consommations d'énergie très variables : elles sont faibles dans le cas de l'épaississement par gravité (5 à 10 kWh/TMS), légèrement supérieures pour le drainage par gravité (25 à 60 kWh/TMS) et beaucoup plus élevées pour l'épaississement par flottation (100 à 130 kWh/TMS). La technique d'épaississement la plus énergivore est la centrifugation (150 à 200 kWh/TMS). Outre l'énergie requise pour épaissir et déshydrater les boues, les biosolides peuvent être partiellement transformés en biogaz pour produire de l'énergie renouvelable, qui est ensuite utilisée sur place ou vendue. En fonction du temps de rétention, le stockage des boues peut également entraîner des émissions involontaires de méthane.

Lors du choix du procédé de traitement des boues, le gestionnaire doit prendre en compte, outre les exigences spécifiques de l'installation et les possibilités de réutilisation ultérieure des boues, l'impact que celui-ci aura sur les émissions de GES.

---

13. Réacteur à biofilm à lit mobile, en anglais « moving bed biofilm reactor »

14. IRSTEA et AERMC : Rapport final Consommation énergétique des filières intensives de traitement des eaux résiduaires urbaines, 2017 Étude réalisée sur 310 installations en France

---

Water and sanitation services emissions vary depending on the context: the country's energy mix, the treatment process and operation, the quality and quantity of available water, the level of treatment required before discharge into the receiving waters, and whether renewable energy can be produced or purchased. For instance, the supply and opportunity to produce low-carbon energy will not be the same for towns located in mountains (pico- or micro-turbines pour hydroelectricity) or in plains (wind turbines).

Chapter 3 of this publication highlights enablers and solutions to reduce greenhouse gas emissions. It inspires us to take action at all stages of the water cycle and regardless of facility size.

3. POURQUOI ÉVALUER LES ÉMISSIONS DE GES ?

Comme des investissements massifs en infrastructures sont attendus dans les 10 prochaines années dans les services d'eau et d'assainissement, tant pour atteindre l'objectif de l'ODD 6 relatif à l'eau propre et à l'assainissement que pour s'adapter aux effets du changement climatique, il est essentiel que ces services commencent à mesurer leurs émissions de GES (ou envisagent des technologies bas carbone ou moins énergivores pour leurs nouvelles infrastructures), et soient en mesure de démontrer en quoi les investissements réalisés contribuent à réduire et à minimiser les émissions mondiales de GES. Au-delà de la contribution apportée à l'atteinte des objectifs nationaux, la capacité des services d'eau et d'assainissement à mesurer, surveiller et déclarer leurs émissions peut également leur ouvrir les portes de la « finance verte ».

Le présent chapitre offre une vue générale du contexte qui doit impulser la nécessaire démarche d'évaluation et de contrôle des GES.

3.1 Quels sont les besoins des services d'eau et d'assainissement à l'échelle mondiale ?

L'ODD 6 vise un accès universel à des services d'eau et d'assainissement gérés selon des pratiques durables à l'horizon 2030. Au rythme de progression actuel, cet objectif ne sera pas atteint. Le nombre de personnes ne disposant pas d'un accès à l'eau potable, tel que défini dans l'indicateur 6.1.1 des ODD, était de 2,2 milliards en 2017[15], soit une diminution de 4 % seulement depuis 2000. En 2020, ce chiffre s'élevait encore à 2,1 milliards de personnes, selon un rapport conjoint de l'OMS et de l'UNICEF[16]. Le même rapport estime qu'une personne sur quatre ne dispose pas, à son domicile, d'une eau potable gérée de manière sûre, et que près de la moitié de la population mondiale n'a pas accès à des services d'assainissement gérés de manière sûre. Si le taux de progression n'est pas multiplié par quatre, des milliards de personnes n'auront toujours pas accès à des services d'eau potable, d'assainissement et d'hygiène gérés en toute sécurité en 2030, date limite de l'Agenda 2030.

La demande croissante en eau potable, les évolutions démographiques, les conflits, le réchauffement climatique et l'urbanisation sont déjà source de problèmes pour les systèmes d'approvisionnement en eau. En 2020, 10 % en moyenne de la population mondiale vivait dans des pays exposés à un stress hydrique élevé ou critique, avec un impact significatif sur l'accès à l'eau et sa disponibilité pour des besoins personnels[17]. La configuration des services d'eau et d'assainissement varie considérablement d'une région à l'autre du monde. Dans les pays développés, on trouve le plus souvent des réseaux centralisés, alors que l'organisation des services d'eau est très variable dans les pays en développement.

En effet, dans les pays en développement, l'efficacité des réseaux publics traditionnels (infrastructures interconnectées gérées de manière centralisée par un opérateur unique) est mise à mal par l'instabilité et la demande croissante en eau émanant des populations à faibles revenus. C'est la raison pour laquelle des **types d'approvisionnement alternatifs** se sont développés, soit par le biais de partenariats public-privé, soit via une offre extérieure aux réseaux (vente d'eau par camions,

---

15. Progress on household drinking water, sanitation and hygiene 2000-2017. Special focus on inequalities (Progrès en matière d'eau potable, d'assainissement et d'hygiène des ménages sur la période 2000-2017 - Focus spécial sur les inégalités),New York : Fonds des Nations unies pour l'enfance (UNICEF) et Organisation mondiale de la santé (OMS), 2019

16. Progress on household drinking water, sanitation and hygiene 2000-2020: five years into the SDGs (Progrès en matière d'eau potable, d'assainissement et d'hygiène des ménages sur la période 2000-2020 : cinq ans depuis l'adoption des ODD), Genève : Organisation mondiale de la santé (OMS) et Fonds des Nations unies pour l'enfance (UNICEF), 2021

17. FAO and UN Water.2021. Progress on Level of Water Stress. Global status and acceleration needs for SDG Indicator 6.4.2 (Rapport 2021 sur l'eau de la FAO et des Nations unies - Évolution du niveau de stress hydrique - Situation mondiale et accélération nécessaire pour l'indicateur 6.4.2 des ODD), 2021, Rome.

assainissement non collectif, etc.) Ces approches alternatives ne sont pas toutes conformes à la définition de l'accès à l'eau utilisée dans le cadre de l'ODD 6. Dans les villes en émergence, les systèmes conventionnels en place dans des quartiers riches peuvent coexister avec des systèmes alternatifs, moins performants et à la viabilité incertaine, dans les quartiers pauvres et les bidonvilles[18].

Cette configuration s'explique en partie par l'absence de réglementation foncière dans les quartiers pauvres, qui se développent de manière autonome, par des services techniques restreints et par l'absence d'impôts locaux qui ne peuvent pas financer les services d'eau et d'assainissement.

ZONES URBAINES :

Les zones urbaines et les zones rurales ont un accès inégal à l'eau. Selon l'OMS et l'UNICEF, la quasi-totalité **des personnes utilisant des eaux de surface non traitées vivent dans des zones rurales**[19], soit 150 millions contre 11 millions seulement dans les zones urbaines. Plus riches et plus denses, les zones urbaines sont équipées de systèmes d'assainissement plus modernes et de meilleure qualité que les zones rurales. Les populations rurales ont en outre un accès moindre aux latrines, la défécation en plein air étant une pratique plus répandue dans ces zones. La progression de l'urbanisation (l'UNICEF prévoit une augmentation de 50 % de la population urbaine dans les pays en développement à l'horizon 2050) va nécessiter le développement de services essentiels.

PERSPECTIVES RÉGIONALES

De nombreux pays d'**Afrique** sont confrontés à un manque général d'infrastructures de collecte et de traitement des eaux usées. Dans bien des cas, cette situation entraîne une pollution des eaux de surface et des eaux souterraines, sachant que l'eau est souvent rare. Les systèmes existants ne peuvent pas répondre aux autres défis auxquels est confronté le continent africain, à savoir la croissance rapide de la population, l'urbanisation galopante et l'augmentation de la demande en eau.

Au **Moyen-Orient,** la disponibilité de l'eau est une problématique majeure. Les principales solutions consistent à diminuer la demande en eau, par exemple en réduisant les pertes et en complétant l'approvisionnement par des installations de dessalement et la réutilisation des eaux usées traitées. En 2013, 71 % des eaux usées collectées dans les pays arabes ont été retraitées, et 21 % de ce volume a été utilisé pour l'irrigation ou la reconstitution des nappes phréatiques.

En **Europe et en Amérique du Nord**, 95 % de la population a accès à des installations sanitaires améliorées et les niveaux de traitement ne cessent de s'améliorer. Mais d'importants volumes d'eau ne sont toujours pas traités après leur collecte, notamment en Europe de l'Est, bien que le traitement tertiaire se soit généralisé.

En **Amérique latine et aux Caraïbes**, 20 à 30% seulement des eaux usées sont collectées. La couverture des services d'eau et d'assainissement augmente, cependant certaines zones arides restent dépendantes des transferts d'eau sur de longues distances.

Dans certaines régions d'**Asie**, les services d'eau et d'assainissement ne sont pas très efficaces, et des efforts sont nécessaires pour utiliser l'eau de manière plus rationnelle. La concurrence pour la disponibilité des eaux douces est déjà forte en Asie. Dans la zone Asie-Pacifique, 80 à 90 % des eaux usées sont encore rejetées sans traitement, ce qui conduit à une pollution importante des eaux souterraines et de surface. Les services concernés vont devoir être plus résilients, car ils sont vulnérables à l'élévation du niveau de la mer induite par le changement climatique[20].

18. Naulet F., Gilquin C., Leyronas S., Eau potable et assainissement dans les villes du Sud la difficile intégration des quartiers défavorisées aux politiques urbaines GRET,2014

19. UNICEF OMS, Rapport Progrès en matière d'eau, d'assainissement et d'hygiène 2000-2020

20. In Asia, 50% of urban areas (2.4 billion people) are located in low-altitude coastal areas and so are under the influence of sea level rise according to the UN WATER 2020 report Water and climate change

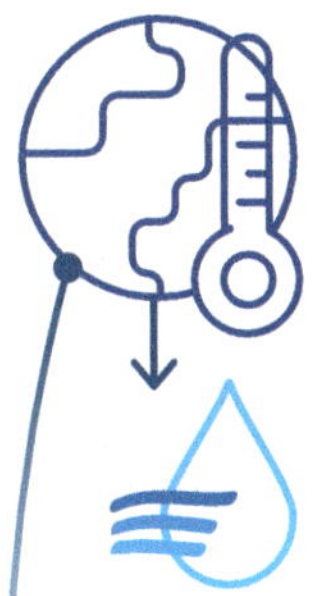

3.2 Les impacts des bouleversements planétaires sur les services d'eau et d'assainissement

Le changement climatique et l'**augmentation de la température moyenne** entraînent **des modifications à long terme des tendances climatiques** : réchauffement de l'atmosphère et des océans, accélération de l'élévation du niveau de la mer et modification du régime des précipitations selon les régions. Le réchauffement climatique entraîne également une **augmentation de la fréquence et de l'intensité des phénomènes météorologiques extrêmes**[21] comme les pluies torrentielles, les cyclones, les sécheresses et les canicules. Ces événements peuvent avoir un impact direct sur les services d'eau et d'assainissement en termes de **qualité et de disponibilité des ressources en eau**, et modifier **leur fonctionnement et leur viabilité** dans le temps.

En France, les impacts du changement climatique sur les infrastructures d'eau et d'assainissement se manifestent sous la forme d'une **augmentation des risques d'inondation et de la fréquence des débordements d'égouts, d'une difficulté accrue à protéger la qualité des rivières** et de dommages causés aux infrastructures par le phénomène de retrait-gonflement des sols argileux. Un autre impact possible est l'**inondation** temporaire ou définitive de certaines zones en raison de la forte érosion des côtes qui accompagne l'**augmentation du niveau de la mer**[22].

À l'échelle mondiale, la pression exercée sur les services d'eau et d'assainissement est également liée à ces risques climatiques accrus et à l'**augmentation de la demande en eau** induite par les effets combinés du **développement économique**, de l'**évolution des habitudes de consommation, de la hausse des températures** et de la **croissance démographique** : en 2019, l'ONU a estimé que la population mondiale s'élèverait à 9,7 milliards de personnes en 2050. Face à ces nouveaux défis, les services d'eau et d'assainissement doivent anticiper les risques locaux en adoptant une approche d'adaptation. Toutes les parties prenantes au niveau mondial, y compris les services d'eau et d'assainissement, ont encore beaucoup à faire pour freiner leurs émissions de gaz à effet de serre et limiter ainsi l'ampleur des risques auxquels ils sont confrontés.

QUELS SONT LES LIENS ENTRE ADAPTATION ET ATTÉNUATION DANS LE SECTEUR DE L'EAU ET DE L'ASSAINISSEMENT ?

À ce jour, l'eau n'est toujours pas suffisamment intégrée dans les politiques climatiques. Dans le secteur de l'eau, la **priorité a été donnée à l'adaptation** plutôt qu'à l'**atténuation du changement climatique**.

Pourtant, les approches de l'adaptation et de l'atténuation sont complémentaires. Les actions visant à réduire les émissions de GES offrent des bénéfices connexes en termes d'adaptation (par exemple, la réduction des pertes en eau peut permettre de s'adapter à la raréfaction de l'eau et réduire l'utilisation d'énergie fossile pour le pompage). Elles sont même indispensables pour éviter des mesures d'adaptation non pertinentes. À l'inverse, les mesures d'adaptation peuvent également générer des bénéfices connexes pour l'atténuation, comme détaillé au chapitre 4. Par exemple, les infrastructures vertes destinées à limiter les inondations peuvent également réduire les volumes d'eau traités dans les usines de traitement des eaux résiduaires des réseaux d'égouts unitaires. Lorsque les mesures d'adaptation prises ne sont pas pertinentes, par exemple sur le plan des installations, elles peuvent induire des effets de blocage qui rendront difficile, voire totalement impossible, la réhabilitation ultérieure des écosystèmes et des infrastructures, et entraîner des conséquences économiques, sociales et environnementales, comme une augmentation des coûts, alors même que d'autres urgences apparaissent. Les investissements réalisés par les services d'eau doivent tenir compte des liens entre l'atténuation et l'adaptation afin de mieux faire face aux nouvelles contraintes liées au changement climatique, telles que la diminution des charges admissibles rejetées dans les cours d'eau, les débordements d'égouts unitaires en cas d'augmentation des précipitations extrêmes, etc. Si l'on omet de considérer ces liens, les émissions de GES pourraient augmenter, ce qui aggravera le réchauffement climatique et réduira la résilience à ses répercussions.

> Dans le secteur de l'eau, la priorité a été donnée à l'adaptation plutôt qu'à l'atténuation du changement climatique.

---

21. GIEC, Rapport de synthèse AR5 : Changement climatique 2014
22. ASTEE, Guide Eau Déchets et Changement climatique 2019

NEXUS EAU-ÉNERGIE ET CLIMAT

Le captage, le traitement et le transport de l'eau destinée à satisfaire les besoins humains nécessitent de grandes quantités d'énergie, en particulier dans les zones urbaines. La production d'énergie électrique requiert, directement ou indirectement, de grandes quantités d'eau. Cette interdépendance entre les deux ressources est appelée « **nexus eau-énergie** »[23]. Elle peut également inclure le carbone, si l'on tient compte de la dépendance de ces deux secteurs à l'égard des combustibles fossiles (charbon, pétrole, etc.) et de leurs émissions de GES. Les combustibles fossiles (charbon, pétrole, gaz), qui sont les principaux responsables du réchauffement climatique, représentaient encore 80 % de la consommation finale d'énergie dans le monde en 2019, comme en 2009, selon le dernier rapport REN21[24] (juin 2021). La demande en énergie devrait continuer à augmenter dans les années à venir, ce qui signifie que le secteur de l'énergie exercera probablement une forte pression sur les ressources en eau. À l'inverse, le secteur de l'eau est susceptible de consommer de plus en plus d'énergie en réponse au changement climatique et aux bouleversements planétaires, soit pour puiser dans des sources d'eau alternatives ou réaliser un traitement plus poussé, soit pour traiter des volumes croissants.

3.3   Cadre réglementaire et politique

La réduction des émissions de gaz à effet de serre des services d'eau et d'assainissement s'inscrit dans le cadre plus large de la lutte contre le réchauffement climatique et ses conséquences, qui fait l'objet d'une surveillance par le **Groupe d'experts intergouvernemental sur l'évolution du climat** (GIEC).

L'**accord de Paris**[25] fixe comme objectif de « **maintenir le réchauffement climatique bien en deçà de 2 °C par rapport aux niveaux pré-industriels** » et d'essayer de limiter la hausse des températures à 1,5 °C d'ici la fin du 21e siècle. Pour atteindre ces objectifs, les pays doivent présenter leurs plans d'adaptation et d'atténuation, appelés **contributions déterminées au niveau national** (CDN), qui concernent l'ensemble des secteurs, dont celui de l'eau. Pour décider des actions d'atténuation par les services d'eau et d'assainissement, les pays/parties et les collectivités locales peuvent prendre pour base l'**Agenda 2030**[26], qui définit 17 **objectifs de développement durable** (ODD). Deux d'entre eux sont particulièrement pertinents : l'**ODD 6 « Garantir l'accès de tous à l'eau et à l'assainissement et assurer une gestion durable des ressources en eau »** et l'**ODD 13 « Prendre d'urgence des mesures pour lutter contre les changements climatiques et leurs répercussions »**.

L'action d'atténuation du secteur de l'eau et de l'assainissement s'inscrit dans une démarche nationale de transition énergétique plus large (loi n° 2015-992)[27]. L'objectif est de faire baisser la consommation finale d'énergie de 50 % à l'horizon 2050 par rapport à son niveau de 2012, et de diviser par quatre les émissions de GES. Ces objectifs concernent l'ensemble des secteurs et des acteurs. La loi « Grenelle II » oblige les entreprises de plus de 500 personnes, les organismes comptant plus de 250 employés et les villes de plus de 50 000 habitants à réaliser des bilans carbone. Les collectivités locales concernées doivent par ailleurs élaborer un Plan Climat Air Énergie à l'échelle de leur territoire (PCAET). Il est prévu d'étendre ces exigences aux petites organisations dans un avenir proche.

Il est demandé aux investisseurs de se désengager des combustibles fossiles et des filières les plus polluantes pour se concentrer sur les énergies renouvelables et les secteurs moteurs de la transition, comme le prévoit la loi de transition énergétique pour la croissance verte[28].

23. Water and Energy, Threats and Opportunities (Eau et énergie, menaces et opportunités), Olsson, 2015

24. REN21 Renewable Global Status Report, (Rapport de situation mondial sur les énergies renouvelables), 2021

25. L'accord de Paris a été adopté en 2015 lors de la Conférence des Parties (COP) dans le cadre de la convention-cadre des Nations unies sur les changements climatiques (CCNUCC).

26. Programme de développement durable des Nations Unies ou Agenda 2030 (2015)

27. Loi relative à la transition énergétique pour la croissance verte (2015)

28. (LTECv) (Art 173-vI).

De nombreux États membres de l'UE, dont la France, ont signé le **pacte vert pour l'Europe**, une série d'initiatives politiques visant à atteindre la **neutralité carbone**[29] **d'ici 2050**. La France a transposé cet objectif dans une feuille de route appelée **Stratégie Nationale Bas Carbone** (SNBC). Au Royaume-Uni, le secteur de l'eau a défini une feuille de route vers la neutralité carbone, avec un objectif de zéro émission nette (ou net zéro) à l'horizon 2030[30].

La législation relative à la **réutilisation et à la conversion des ressources** n'est pas encore stable, car certains modes de réutilisation des eaux résiduaires ou des boues d'épuration ne sont pas encore acceptés. Le plan d'action européen pour l'économie circulaire présenté par la Commission européenne encourage le développement des pratiques de réutilisation et de recyclage de l'eau au sein de l'Union européenne. Au niveau mondial, le cadre légal est fixé par le **Compendium of Water Regulatory**[31], qui réglemente l'utilisation de l'eau.

Il ressort ainsi clairement des CDN et de l'accord de Paris qu'il existe des leviers d'atténuation des GES dans le secteur de l'eau. Dans le cadre de la campagne « Race to Zero » (Course vers le zéro [émission nette]) lancée par la CCNUCC[32], Global Water Intelligence a par ailleurs dressé une liste des services d'eau affichant des objectifs « net zéro » : le Net Zero Utilities Observatory[33] (Observatoire des services d'eau net zéro) suit ainsi, pour chaque service d'eau, le calendrier de ses objectifs (par exemple 2030, 2050), la nature de ceux-ci, ses émissions actuelles de gaz à effet de serre, son adhésion éventuelle à la campagne « Race to Zero » de la CCNUCC, ainsi que la ville et la population qu'il dessert.

4. COMMENT LES ÉMISSIONS DE GES SONT-ELLES ÉVALUÉES ?

Il existe au niveau international de nombreux systèmes de comptabilisation des émissions carbone pour les organismes et les entreprises. Le Protocole sur les GES semble être le plus largement utilisé. En France, l'ONG Association Bilan Carbone a achevé et amélioré un outil de bilan carbone, appelé le «Bilan Carbone», développé initialement par l'ADEME (l'agence française de la transition énergétique). Ces systèmes de comptabilisation des émissions carbone ne sont toutefois pas spécifiques au secteur de l'eau. Dans le cas de la France, l'**ADEME** et l'**ASTEE** (Association Scientifique et Technique pour l'Eau et l'Environnement) ont réalisé un guide sectoriel en adaptant la méthode de l'Association Bilan Carbone au secteur de l'eau et de l'assainissement.[34] D'autres pays ont élaboré des guides similaires qui diffèrent parfois sur le plan des émissions à prendre en compte dans les méthodes d'évaluation, notamment pour les éléments qui relèvent du « scope 3 » (voir le paragraphe 1.2). Ces émissions indirectes résultent de l'activité concernée, mais la définition de leur portée peut varier en fonction des approches nationales.

Ces émissions indirectes résultent de l'activité concernée, mais la définition de leur portée peut varier en fonction des approches nationales.

29. La neutralité carbone est définie comme un état d'équilibre entre les émissions de dioxyde de carbone dans l'atmosphère et le retrait du dioxyde de carbone de l'atmosphère.

30. https://www.water.org.uk/routemap2030/

31. UN WATER Compendium of water regulatory (compendium sur la réglementation de l'eau des Nations unies) (2015)

32. https://unfccc.int/climate-action/race-to-zero-campaign

33. https://www.globalwaterintel.com/water-without-carbon

34. ADEME ASTEE guide méthodologique des émissions de gaz à effet de serre des services d'eau et d'assainissement mis à jour en 2018

Une autre limite des méthodes actuelles de comptabilisation des GES concerne les émissions de scope 1 de N_2O et de CH_4 découlant des procédés de traitement des eaux usées, qui ne tiennent pas compte des conditions spécifiques au site qui conditionnent pourtant directement le niveau de ces émissions. Pour le N_2O par exemple, le GIEC préconise un facteur d'émission mondial unique pour le Niveau 1 et un facteur d'émission national pour le Niveau 2. Le Niveau 3 est le plus précis, car il s'appuie sur des mesures spécifiques au site et sur les émissions réelles de N_2O sur un site particulier. Des mesures de Niveau 3 ne sont cependant pas toujours réalisables, mais les services d'eau doivent déclarer des émissions relativement précises. L'approche par le facteur d'émission des Niveaux 1 et 2 ne prend en compte que la charge d'azote de l'afflux, qui ne conditionne pas directement la quantité d'émissions de N_2O du site. Ce point est abordé plus en détail dans la publication de l'IWA intitulée *Quantification and Modelling of Fugitive Greenhouse Gas Emissions from Urban Water Systems* (Quantification et modélisation des émissions fugitives de GES produites par les réseaux d'eau urbains) (Ye *et al.*, 2022).

L'IWA et le GIZ (l'agence allemande de coopération internationale pour le développement) ont développé l'outil ECAM (Energy Performance and Carbon Emissions Assessment and Monitoring, évaluation et suivi de la performance énergétique et des émissions carbone) dans le cadre du programme WaCCliM[35]. Cet outil aide les opérateurs, dans les pays en développement et émergents surtout, à comptabiliser et à déclarer leurs émissions de GES au niveau national, mais des discussions sont toujours en cours pour normaliser l'approche au niveau des émissions de scope 3 et des émissions évitées.

Les émissions évitées peuvent être prises en compte si les sous-produits sont réutilisés par un tiers en remplacement d'un « produit », ou si l'énergie est produite par l'usine et utilisée par un tiers. Les GES qui auraient été générés par le tiers pour produire ce « produit » ou cette quantité d'énergie n'ont pas été émis, et sont donc considérés comme des « émissions évitées ».

---

35. Projet WaCCliM – Water and Wastewater Companies for Climate Mitigation (Compagnies d'eau et d'assainissement pour l'atténuation du changement climatique), pour le compte du ministère fédéral allemand de l'environnement, de la protection de la nature et de la sûreté nucléaire (BMU).

2 L'énergie utilisée dans le monde *par* les prestataires de services d'eau et d'assainissement

Alors que les services de distribution de l'énergie utilisent de l'eau pour produire de l'énergie, les services d'eau utilisent de l'énergie pour fournir de l'eau : voici un exemple de ce que l'on appelle le nexus eau-énergie. L'Agence internationale de l'énergie (AIE) estime qu'en 2014, le secteur de l'eau a consommé 1 400 TWh à l'échelle mondiale, dont 60 % sous forme d'électricité et 40 % sous forme d'énergie thermique, principalement pour pomper les eaux souterraines à des fins d'irrigation. Le secteur de l'eau représentait 4 % de la consommation mondiale d'électricité en 2014, sans compter l'énergie liée à l'utilisation d'eau par les utilisateurs finaux. Environ 40 % de l'électricité consommée dans le secteur de l'eau est utilisée **pour prélever l'eau**, 25 % pour **traiter les eaux usées**, 20 % pour assurer la **distribution de l'eau** et 5 % pour dessaler l'eau de mer. On remarque toutefois une grande disparité entre les pays à haut revenu et ceux à faible revenu. Dans les pays à revenu élevé, le traitement des eaux usées représente la part la plus importante de la consommation d'électricité (42 %). Cette proportion est plus faible dans les pays à faible revenu, où une grande partie des eaux usées ne sont ni collectées ni traitées. Du fait du réchauffement climatique et de l'augmentation du stress hydrique dans certaines régions du monde, la consommation d'énergie dans le secteur de l'eau devrait doubler d'ici 2040 selon le scénario prévu par l'AIE. Cette tendance s'explique en partie par l'augmentation du dessalement et des transferts d'eau, mais aussi par la croissance démographique et l'urbanisation qui vont accroître l a consommation énergétique des usines de traitement.

> **...60 % sous forme d'électricité et 40 % sous forme d'énergie thermique, principalement pour pomper les eaux souterraines à des fins d'irrigation.**

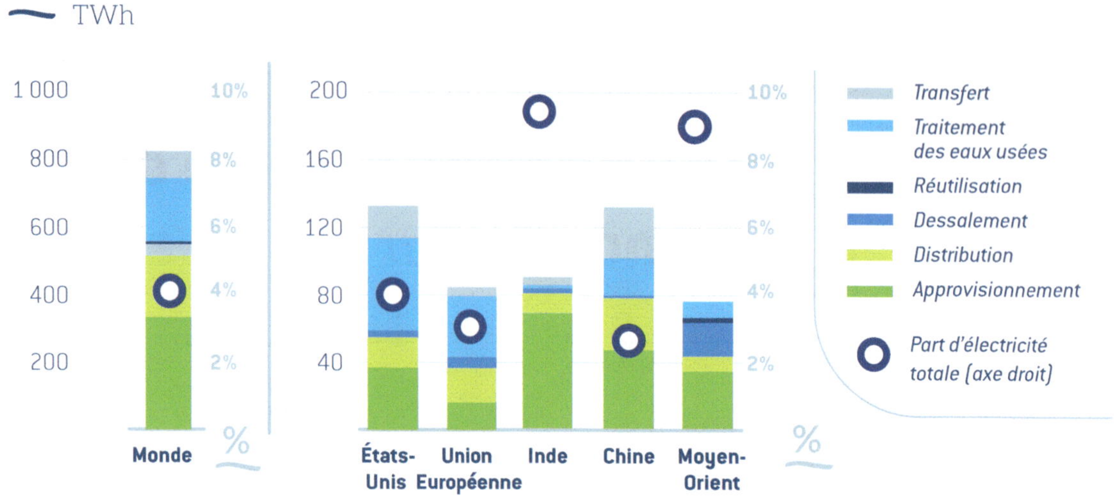

Le secteur de l'eau comptabilise 4 % de la consommation d'électricité mondiale en 2014.

Si l'on examine le détail de cette consommation par région géographique, il apparaît que les États-Unis sont les plus gros consommateurs mondiaux d'électricité dans le secteur de l'eau (40 %), contre 15 % pour la Chine et 9 % pour le Moyen-Orient, où le dessalement est une activité importante. En Inde, une grande partie de la consommation électrique du secteur de l'eau sert à l'extraction des eaux souterraines pour l'irrigation.

L'empreinte carbone associée à la consommation d'énergie des services d'eau et d'assainissement dépend fortement du mix énergétique local. L'électricité et les énergies utilisées sont souvent dérivées de combustibles fossiles tels que le **charbon, le pétrole ou le gaz naturel**, qui émettent de grandes quantités de gaz à effet de serre par unité d'électricité produite.

1. PRÉLÈVEMENT DE L'EAU

À l'échelle mondiale, on estime que le prélèvement de l'eau consomme plus de 310 TWh[36] d'électricité par an. La quantité d'énergie nécessaire dépend de la source **(le pompage des eaux souterraines est environ 7 fois plus énergivore** que le prélèvement des eaux de surface), de la distance que l'eau doit parcourir avant d'atteindre l'installation de stockage et de traitement, et de l'altitude à laquelle l'eau est transportée. Au niveau mondial, les **eaux de surface représentent environ 2/3 de l'ensemble des prélèvements d'eau et les eaux souterraines environ 1/3.** Dans certains pays, les ressources en eau ne sont pas suffisantes pour satisfaire la demande. C'est la raison pour laquelle certains pays ont lancé des projets de transfert d'eau à grande échelle. Dans les pays à faible revenu, les eaux de surface peuvent être fortement polluées. Les eaux souterraines devraient être privilégiées pour l'approvisionnement en eau potable, car elles sont moins susceptibles d'être contaminées, surtout en profondeur, et sont moins sensibles que les eaux de surface aux variations de débit importantes. Cela implique toutefois de protéger les sites de prélèvement (établissement d'un périmètre de protection ou interdiction de pratiquer des activités polluantes à proximité des sites de captage, etc.) Beaucoup de ressources en eaux souterraines ne sont malheureusement pas correctement protégées, ce qui conduit à un abaissement de leur niveau piézométrique et à une contamination, souvent provoquée par des polluants agricoles. En Inde et au Moyen-Orient, l'eau consommée provient quasi

36. Agence internationale de l'énergie, World Energy Outlook 2016, extrait « Nexus eau-énergie »

**Les eaux
souterraines
devraient être
privilégiées pour
l'approvisionnement
en eau potable**

exclusivement de ressources souterraines, induisant une surexploitation locale, essentiellement à des fins agricoles. Dans de nombreuses régions, ce phénomène a entraîné l'abaissement du niveau des nappes phréatiques, qui induit à son tour d'importants besoins en électricité. Dans d'autres régions, il s'avère indispensable de décontaminer les eaux souterraines polluées.

L'eau potable est souvent prélevée dans des rivières, ce qui nécessite d'être particulièrement attentif aux variations de débit et à la contamination des eaux de surface. La Chine et les États-Unis consomment quasi exclusivement des eaux de surface. La politique de la France consiste à protéger les eaux souterraines, qui sont privilégiées pour l'approvisionnement en eau potable.

Enfin, de nombreuses municipalités côtières qui subissent des déficits en eau ont recours au dessalement de l'eau de mer, une technologie certes énergivore, mais très utilisée notamment sur le littoral méditerranéen. Le dessalement peut être une alternative efficace aux transferts d'eau sur de longues distances.

2.   STOCKAGE DE L'EAU (POUR L'EAU POTABLE)

Les réservoirs sont l'un des moyens utilisés pour pallier le problème de l'irrégularité des débits, notamment au niveau des étiages, ou garantir l'approvisionnement. Les réservoirs servant uniquement pour l'eau potable sont généralement installés sur les petites rivières contenant une eau de bonne qualité, et sont de taille relativement réduite. De même que les installations de captage des eaux souterraines, ils nécessitent une bonne protection.

Les grands réservoirs polyvalents permettent quant à eux de produire de l'énergie hydroélectrique et de réguler les débits pour des usages tels que l'approvisionnement en eau, l'irrigation, la prévention des crues, la gestion environnementale et la maîtrise de la pollution. Les réservoirs peuvent également servir à des activités comme la navigation, la pêche et autres loisirs, et accueillent aussi depuis peu d'autres types d'installations de production d'énergie telles que des centrales photovoltaïques flottantes. Le défi consiste à optimiser les multiples services d'un réservoir, tout en étant conscient que les priorités peuvent évoluer dans le temps. Il n'est pas possible de tirer profit des multiples avantages de l'hydroélectricité si les installations ne sont pas construites au bon endroit et de la bonne manière. Les impacts négatifs ne peuvent pas tous être évités, et les mesures d'atténuation et de compensation peuvent s'avérer aussi importantes que l'installation.

Les multiples avantages des réservoirs peuvent aujourd'hui être gérés de manière beaucoup plus responsable et transparente. Il existe des outils pour mesurer les critères de durabilité aux stades de la planification, de la préparation, de la mise en œuvre et de l'exploitation, notamment les lignes directrices pour la durabilité des projets hydroélectriques, qui ont été élaborées par l'Association internationale de l'hydroélectricité (IHA) en partenariat avec les parties prenantes concernées.

3.   TRANSPORT DE L'EAU

Il est malheureusement fréquent de devoir recourir à des transferts d'eau sur de longues distances (Chine, Californie, Maroc, Tunisie, Afrique du Sud, etc.), après avoir dû renoncer à utiliser les ressources locales en raison de problèmes quantitatifs (stress hydrique) ou qualitatifs (pollution de l'eau). La baisse du niveau des eaux souterraines[37] consécutive à la surexploitation des ressources peut également conduire à des transferts d'eau. Ces transferts génèrent une consommation énergétique de 70 TWh par an à l'échelle mondiale, soit plus que le traitement de l'eau potable (65 TWh).

---

37. Abaissement du niveau piézométrique zéro (maximum) de la nappe phréatique causé par le pompage ou le drainage naturel ou accidentel des eaux souterraines.

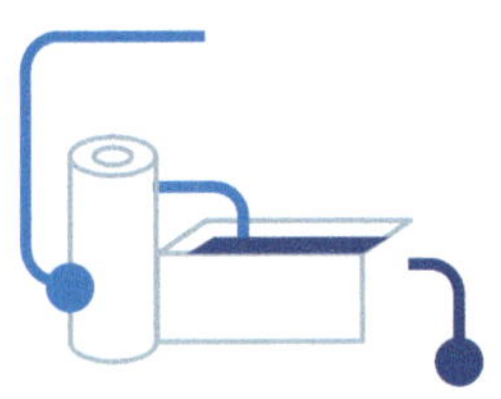

4. TRAITEMENT DE L'EAU

Dans les stations de traitement de l'eau, le pompage et le traitement sont les processus les plus gourmands en énergie. **Le traitement de l'eau représente une consommation électrique mondiale de 65 TWh**[38] , dont 80 à 85 % sont utilisés pour le pompage. L'extraction des eaux souterraines consomme plus que le prélèvement des eaux de surface, mais leur traitement nécessite moins d'énergie car elles sont généralement moins polluées. Le problème de la pollution diffuse de l'eau joue est un facteur important à prendre en compte au niveau des émissions de GES générées lors du traitement, car il signifie que le traitement sera plus complexe, donc plus énergivore. Ces traitements concernent aussi bien les macropolluants comme les nitrates (dénitrification) que les micropolluants, tels que les pesticides et les résidus pharmaceutiques, qui nécessitent des technologies d'élimination comme le charbon actif, l'osmose inverse ou l'ozonation. Avec l'élévation des températures, la concentration en polluants des différentes ressources en eau devrait augmenter et rendre leur traitement plus difficile.

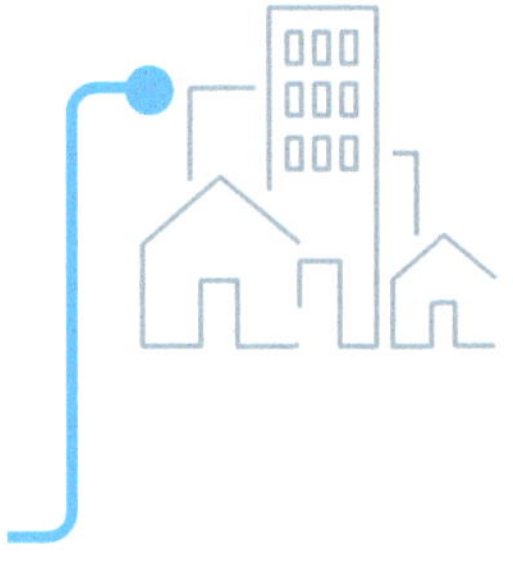

5. DISTRIBUTION DE L'EAU

Le transport de l'eau potable sous pression de la station de traitement jusqu'au consommateur consomme beaucoup d'énergie. À l'échelle mondiale, la distribution d'eau représente une consommation d'**environ 180 TWh**[39] , mais la quantité d'énergie utilisée pour cette étape varie fortement selon les régions.

Les pertes en eau (fuites, vols, mesures inadéquates, etc.) ont un impact considérable sur la consommation d'énergie, en particulier dans les pays où la production d'eau potable est très énergivore. Les pertes en eau au niveau des systèmes d'approvisionnement publics sont estimées à 12 % aux États-Unis, 19 % en Chine, 24 % dans l'Union européenne et 48 % en Inde.

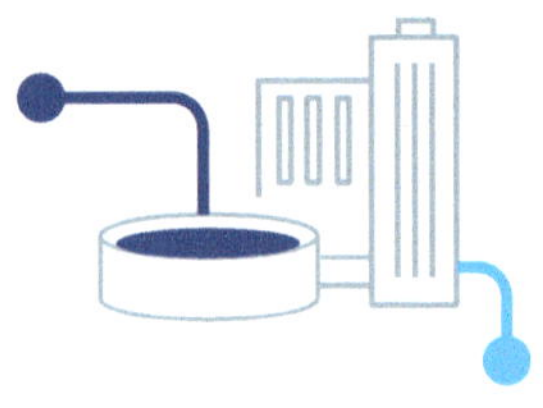

6. TRAITEMENT DES EAUX USÉES

À l'échelle mondiale, le **traitement des eaux usées génère une consommation d'énergie d'environ 200 TWh**[40] . Dans les pays à revenu élevé, le traitement des eaux usées est le principal poste de consommation énergétique dans le secteur de l'eau. 30 à 50 % de la facture énergétique de certaines municipalités peuvent ainsi être imputés à la consommation d'énergie des services d'eau et d'assainissement (United States Government Accountability Office (office gouvernemental américain des comptes), 2011). Dans les pays émergents, le traitement des eaux usées représente une demande énergétique potentielle importante.

Cinq facteurs influent sur la quantité d'énergie nécessaire au traitement des eaux usées : **la quantité d'eaux résiduaires collectées et traitées, l'infiltration et l'afflux** (eau provenant de sources souterraines et pluviales) dans le réseau d'assainissement, le niveau de traitement permettant de satisfaire les **exigences en matière de rejet, le type et la concentration de polluants contenus dans les eaux usées, et l'efficacité énergétique du procédé.**

38, 39, 40. Agence internationale de l'énergie, World Energy Outlook 2016, extrait « Nexus eau-énergie »

Le niveau de traitement varie en fonction de la région du monde. Dans certains pays d'Asie et d'Afrique, le traitement primaire est prédominant, alors que dans les pays de l'OCDE (Organisation de coopération et de développement économiques), le traitement secondaire est la norme, certains pays recourant également à des traitements tertiaires. Environ **50 % de l'énergie nécessaire au traitement des eaux usées** est utilisée pour le **traitement secondaire, notamment pour l'aération**. Le pompage et la gestion des boues d'épuration sont également de gros postes de consommation (respectivement 16 % et 15 %), même si le recyclage des boues pourrait contribuer à la production d'énergie (estimée à **6 TWh à l'échelle mondiale**).

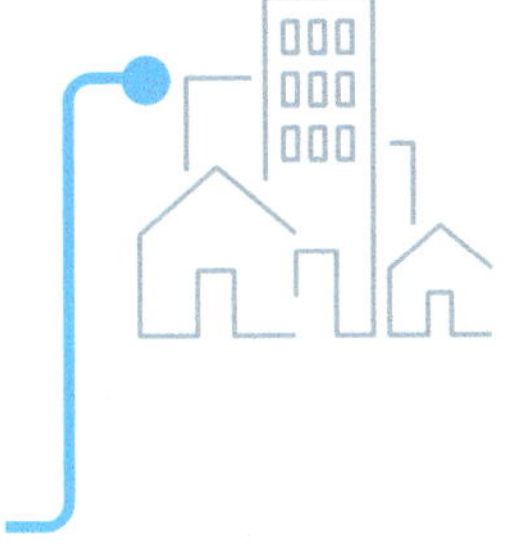

7.   UTILISATION FINALE DE L'EAU

Une analyse des études réalisées dans le monde montre que l'eau peut impacter jusqu'à 12,6 % de l'énergie primaire nationale totale, si l'on inclut à la fois l'énergie utilisée par les services d'eau, qui est la plus fréquemment prise en compte, et l'énergie liée à l'eau consommée par les utilisateurs finaux de l'eau (Kenway et. Al. 2019 – voir **Figure 1, page 11**), la production d'eau chaude pour les secteurs résidentiel, tertiaire et industriel représentant la part prédominante (plus de 90 % de cet effet). Les services d'eau et d'assainissement consomment entre 0,4 et 2,3 % de l'énergie primaire, ou entre 0,6 et 6,2 % de l'électricité produite localement, principalement pour le pompage de l'eau.

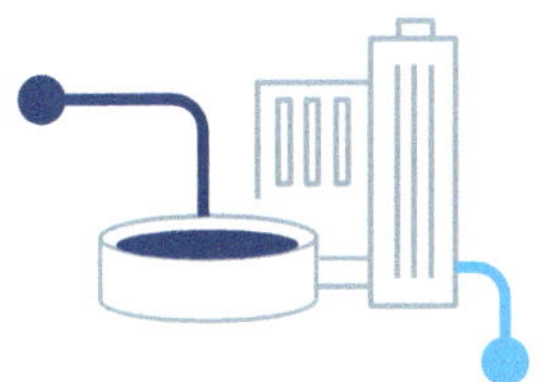

8.   DESSALEMENT ET RECYCLAGE DE L'EAU

Selon la Banque mondiale[41], 18 426 installations de dessalement en service ont été répertoriées dans plus de 150 pays en 2018, pour une production quotidienne à hauteur de 87 millions de mètres cubes d'eau propre et plus de 300 millions de personnes desservies. Il existe principalement deux méthodes de dessalement, le dessalement thermique et le dessalement membranaire, qui peuvent être combinées dans une installation hybride. Le dessalement thermique consiste à faire bouillir l'eau salée pour produire de la vapeur, qui est ensuite condensée. Les procédés membranaires adaptent le processus naturel d'osmose, l'osmose inverse (RO, reverse osmosis en anglais) étant la technique la plus fréquemment utilisée car elle consomme moins d'énergie. Même si la part du dessalement dans la consommation d'eau ne s'élevait qu'à 0,7 % en 2016, ce procédé représentait 25 % de l'énergie consommée par le secteur de l'eau et 5 % de l'électricité mondiale. Des progrès importants ont toutefois été réalisés et ont permis de diviser par 10 l'intensité énergétique, qui est passée de 20 à 30 kWh/m³ en 1970 à environ 3 kWh/m³ en 2018. L'électricité représente moins de 15 % de l'énergie utilisée, les 85 % restants provenant de combustibles fossiles, en particulier du gaz naturel, qui est le combustible privilégié pour le dessalement thermique.

La réutilisation des eaux usées (ou recyclage) consiste à utiliser les eaux usées traitées comme source d'eau douce. On fait généralement une distinction entre deux finalités de recyclage de l'eau : eau potable ou eau non potable, essentiellement à des fins d'irrigation. L'eau potable devant répondre à des normes de qualité plus strictes, le processus de traitement pour produire de l'eau potable nécessite plus d'énergie que celui destiné à l'obtention d'eau non potable.

---

41. The Role of Desalination in an Increasingly Water-Scarce World (Le rôle du dessalement dans un monde de plus en plus pauvre en eau), Banque mondiale, mars 2019.

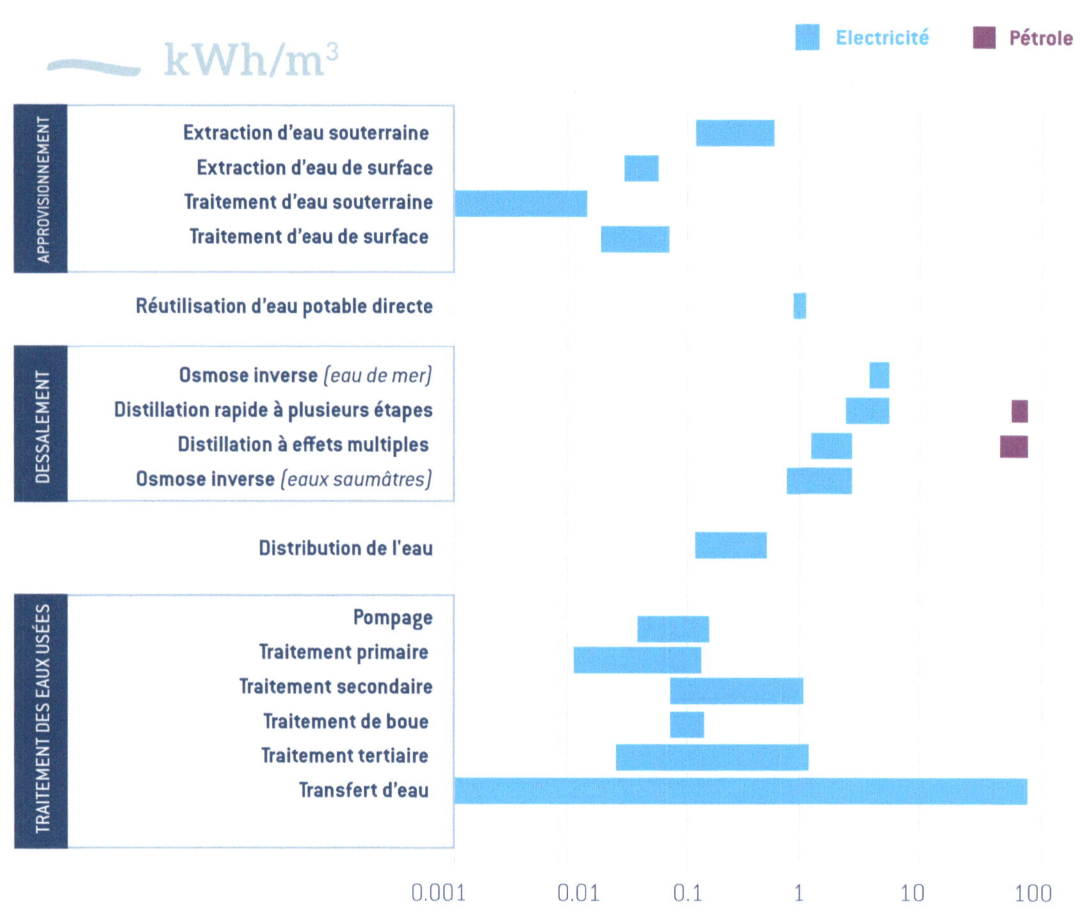

Le dessalement marin et le traitement des eaux usées sont les processus qui consomment le plus d'énergie dans le secteur de l'eau.

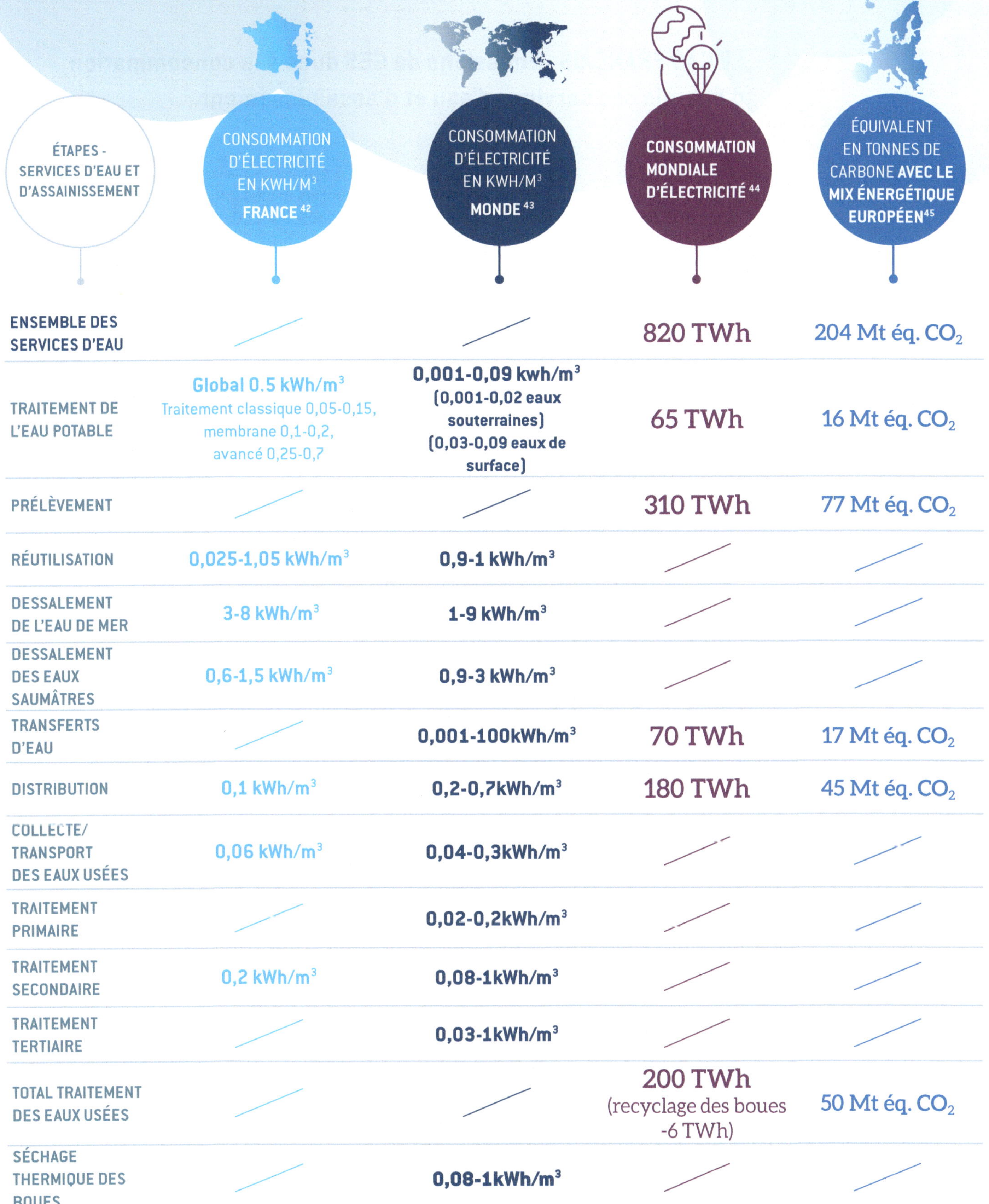

ÉTAPES - SERVICES D'EAU ET D'ASSAINISSEMENT	CONSOMMATION D'ÉLECTRICITÉ EN KWH/M³ FRANCE [42]	CONSOMMATION D'ÉLECTRICITÉ EN KWH/M³ MONDE [43]	CONSOMMATION MONDIALE D'ÉLECTRICITÉ [44]	ÉQUIVALENT EN TONNES DE CARBONE AVEC LE MIX ÉNERGÉTIQUE EUROPÉEN [45]
ENSEMBLE DES SERVICES D'EAU			820 TWh	204 Mt éq. CO_2
TRAITEMENT DE L'EAU POTABLE	Global 0.5 kWh/m³ Traitement classique 0,05-0,15, membrane 0,1-0,2, avancé 0,25-0,7	0,001-0,09 kwh/m³ (0,001-0,02 eaux souterraines) (0,03-0,09 eaux de surface)	65 TWh	16 Mt éq. CO_2
PRÉLÈVEMENT			310 TWh	77 Mt éq. CO_2
RÉUTILISATION	0,025-1,05 kWh/m³	0,9-1 kWh/m³		
DESSALEMENT DE L'EAU DE MER	3-8 kWh/m³	1-9 kWh/m³		
DESSALEMENT DES EAUX SAUMÂTRES	0,6-1,5 kWh/m³	0,9-3 kWh/m³		
TRANSFERTS D'EAU		0,001-100kWh/m³	70 TWh	17 Mt éq. CO_2
DISTRIBUTION	0,1 kWh/m³	0,2-0,7kWh/m³	180 TWh	45 Mt éq. CO_2
COLLECTE/ TRANSPORT DES EAUX USÉES	0,06 kWh/m³	0,04-0,3kWh/m³		
TRAITEMENT PRIMAIRE		0,02-0,2kWh/m³		
TRAITEMENT SECONDAIRE	0,2 kWh/m³	0,08-1kWh/m³		
TRAITEMENT TERTIAIRE		0,03-1kWh/m³		
TOTAL TRAITEMENT DES EAUX USÉES			200 TWh (recyclage des boues -6 TWh)	50 Mt éq. CO_2
SÉCHAGE THERMIQUE DES BOUES		0,08-1kWh/m³		

42. Chiffres tirés de Guide AMORCE Les services d'eau et d'assainissement et changement climatique: les leviers d'atténuation source Veolia Eau

43. Chiffres tirés d'un diagramme figurant dans l'extrait « Nexus eau-énergie » du World Energy Outlook 2016 de l'Agence internationale de l'énergie Sources : EPRI (2002) ; Pabi, et al. (2013) ; Jones et Sowby (2014) ; Plappally et Lienhard V (2012) ; Spooner (2014) ; Li, et al (2016) ; Japan Water Research Center (pas de date) ; (Choi, 2015) ; Miller, et al. (2013) ; Singh, et al. (2012) ; Noyola, et al. (2012) ; Liu (2012) ; DWA-Leistungsvergleich (pas de date) ; Caffoor (2008) ; World Bank Group, (2015) ; Fillmore, et al. (2011) ; Brandt, et al. (2010) ; analyse de l'AIE.

44. Chiffres tirés de Agence internationale de l'énergie, World Energy Outlook 2016, extrait « Nexus eau-énergie »

45. Calculé en utilisant le facteur carbone européen 2020, soit 249 Kg CO_2/MWh

LE CAS FRANÇAIS : Émissions de GES dues à la consommation d'énergie des services d'eau et d'assainissement

Selon l'ADEME[46], la consommation d'énergie des services d'eau français produit annuellement **4,2 kg d'équivalent CO_2/habitant pour l'eau potable et 5,9 kg d'équivalent CO_2/habitant pour l'assainissement collectif.**

En France, entre **30 et 55 % de la consommation d'énergie des services publics d'eau et d'assainissement**[47] concerne l'assainissement , et **90 %** de cette dépense énergétique est liée au **traitement des eaux usées urbaines (et au traitement des sous-produits pour leur réutilisation) qui est le poste le plus consommateur d'énergie. L'aération des eaux usées** dans les usines représente une consommation d'énergie élevée, atteignant en moyenne 0,2 kWh/m^3.

---

46. ADEME et ASTEE Guide des émissions de gaz à effets de serre des services d'eau et d'assainissement, réédité 2018

47. A.E Stricker *et al.*, Consommation énergétique des filières intensives de traitement des eaux résiduaires urbaines, 2018

3. Quels sont les leviers *et* **solutions** pour réduire les émissions de GES des services d'eau et d'assainissement ?

Ce chapitre offre une vue d'ensemble des leviers et des solutions permettant de réduire les émissions de gaz à effet de serre des services d'eau et d'assainissement, que l'on peut classer en trois catégories :

- **1/** réduction de la consommation d'eau et d'énergie grâce à des approches simples et efficaces,
- **2/** adoption de l'économie circulaire pour produire de l'énergie et des produits de valeur,
- **3/** planification de la réduction des émissions de GES par le biais de décisions stratégiques impactant les opérations au quotidien.

Comme mentionné au chapitre 1, la première étape pour réduire les émissions de GES consiste à évaluer et à surveiller ces émissions de façon appropriée chaque année, en tenant compte du fait que certaines émissions sont liées à l'exploitation et d'autres aux investissements en infrastructures. Cette étape permet d'adopter une approche ciblée et structurée pour planifier et mettre en œuvre des actions. Par exemple,  la ville de Chiang Mai en Thaïlande (voir le **projet n° 3-PFE**) a utilisé l'outil d'évaluation et de suivi de la performance énergétique et des émissions carbone (ECAM) mentionné précédemment pour diagnostiquer les émissions de GES à différentes étapes du service d'assainissement. Il a permis de déterminer qu'une réduction de 12 % des émissions de GES pouvait être atteinte grâce à deux leviers principaux : l'optimisation énergétique des pompes et la réparation des fuites dans le système d'assainissement.

1. APPROCHES SIMPLES ET EFFICACES

Ce paragraphe est axé sur les mesures ou approches techniques qui permettent de réduire la quantité d'eau et d'énergie consommée afin de réduire les émissions de GES.

1.1 Maintenance du réseau pour réduire les pertes en eau et les infiltrations

La gestion saine des actifs permet de réduire les risques de fuites et de rupture des canalisations dans les réseaux d'eau potable, ainsi que les infiltrations d'eau claire dans les réseaux d'égouts. Il s'agit là d'un élément clé pour économiser l'énergie et réduire les émissions de gaz à effet de serre, car les volumes d'eau traités inutilement gaspillent de l'énergie. Les indicateurs de perte en eau et de dilution des eaux usées sont utilisés dans la gestion des actifs pour quantifier, localiser et réparer les canalisations endommagées. Au-delà de cette action curative, il existe également des méthodes de gestion des actifs pour anticiper les fuites futures et réaliser des investissements de maintenance ciblés avant que les canalisations ne soient endommagées.

Au niveau des réseaux d'eaux usées, le problème est l'infiltration permanente d'eaux souterraines parasites, mais aussi des eaux de pluie qui pénètrent dans le réseau après un épisode pluvieux (voir le **projet n° 3-PFE**). Ces infiltrations provoquent :

> des débordements d'égouts, qui entraînent des émissions de GES (méthane et protoxyde d'azote) dans les eaux réceptrices,

> l'usure des infrastructures, qui génère des investissements prématurés et des émissions de GES liées à la fabrication de matériaux et d'équipements de construction, et

> une consommation d'énergie accrue pour le pompage et le traitement, qui produit des émissions de GES proportionnelles au mix énergétique du pays et au développement des infrastructures matérielles.

Plusieurs approches innovantes sont à l'étude pour aider les services d'eau à engager des actions. L'action de base à mettre en œuvre est de comparer les volumes prévus et réels des eaux usées traitées afin d'évaluer le niveau des infiltrations (d'eaux souterraines) et de l'afflux (des eaux de pluie). Si ces niveaux sont élevés, de nouvelles technologies pourraient s'avérer utiles pour localiser l'origine des infiltrations et de l'afflux. Suez est par exemple en train de concevoir un dispositif mobile innovant comportant des capteurs embarqués de haute qualité (température, conductivité, pH et potentiel d'oxydoréduction), qui collectent des données à haute fréquence pour surveiller la qualité des eaux usées le long d'une canalisation. Tout changement anormal au niveau des signaux surveillés pourrait indiquer que deux volumes d'eau de qualités différentes se sont mélangés. Un algorithme spécifique a été développé pour identifier automatiquement les problèmes qui surviennent dans les égouts et permettre des réparations ciblées et rapides par le service d'eau.

Dans les réseaux d'eau potable, les fuites et les ruptures de canalisation sont responsables d'une hausse de la consommation énergétique pour le pompage et le traitement, qui entraîne des émissions de GES proportionnelles au mix énergétique du pays. Le principal levier d'action consiste toutefois bien souvent à économiser l'eau et à réduire les besoins en matière de prélèvement. Il existe des outils numériques pour aider les services d'eau potable, notamment le système SmartWater mis en place par SUEZ, ou le système HpO proposé par Alteréo, qui permettent une réduction proactive des pertes en eau. Grâce à ces outils, il est possible de contrôler à distance les débits et la pression dans les canalisations. La technologie d'observation par satellite pourrait également aider à la détection des fuites. PVK, qui exploite le réseau d'eau de Prague, collabore ainsi avec la société UTILIS et leurs observations par satellite ont permis de mettre en évidence 50 points de fuite en 2020 . Certains de ces outils peuvent également être utilisés pour informer les particuliers sur leur consommation et, le cas échéant, les avertir en cas de fuite.

48.https://www.pvk.cz/aktuality/satelit-odhalil-pres-dve-ste-potencialnich-uniku-pitne-vody-patraci-potvrdili-padesat-lokalit/

1.2   Efficacité des services

L'efficacité des services d'eau et d'assainissement peut être améliorée par des investissements matériels ou des mesures directement liées à l'exploitation, tels que les exemples présentés ci-dessous :

Efficacité découlant d'investissements matériels :

- amélioration du **rendement des moteurs et des pompes** (voir le **projet n° 3-PFE**) ;
- amélioration de la **conception et du fonctionnement des stations de pompag**e pour réduire les besoins énergétiques par m³ d'eau transportée ; régulation du débit via une série de pompes ou un variateur de vitesse. L'installation d'un tel dispositif permet de déplacer l'eau d'un point à un autre en se rapprochant du point de rendement maximum des pompes (voir le **projet n°11-ASTEE**) ;
- **adaptation de la pression dans les conduites d'eau et régulation des niveaux de stockage d'eau** pour réduire l'énergie consommée au niveau de la distribution, le risque de nouvelles fuites et le volume perdu du fait des fuites existantes.

Efficacité découlant d'actions directes au niveau de l'exploitation :

- **optimisation du traitement de l'eau potable :** le traitement dépend de la qualité des eaux prélevées. La plus forte consommation d'énergie est liée aux traitements poussés. Pour une planification à long terme, il est donc prioritaire de réaliser des investissements visant à préserver la qualité des sources. À court terme, il est possible d'économiser de l'énergie en optimisant directement le procédé utilisé ou en choisissant, lors de la phase de conception, des procédés à faible consommation énergétique. Le volume et le type de réactifs nécessaires au traitement peuvent être réduits ou adaptés afin de réduire les émissions de GES associées. Le plan d'efficacité énergétique et de sobriété carbone d'Eau de Paris est un exemple inspirant illustrant cette approche (voir le **projet n° 5-ASTEE**) ;
- **optimisation du traitement des eaux usées :** l'intégration, dans la planification des futures installations, d'infrastructures modulaires susceptibles d'être adaptées en fonction de la charge et du débit à traiter permet d'éviter le surdimensionnement ou la sous-charge des systèmes, qui entraîne une surconsommation d'énergie par volume d'eau traité. Un audit énergétique des stations à boues activées peut mettre en évidence des potentiels de réduction de la consommation d'énergie, notamment au niveau de l'aération, du pompage et de la gestion des biosolides. On peut également économiser de l'énergie en ne traitant pas les eaux usées au-delà de ce qui est nécessaire pour satisfaire les exigences de rejet, dans les pays où celles-ci sont fixées sur la base de la capacité naturelle des masses d'eau à absorber la pollution. Indépendamment des aspects énergétiques, le procédé de traitement des eaux usées peut être amélioré en :
  > ajustant l'aération et en équilibrant les débits afin de réduire les émissions de protoxyde d'azote. Des systèmes de contrôle innovants sont à l'étude pour aider les services d'eau dans cette démarche ;
  > réduisant les réactifs nécessaires au traitement. La station d'épuration de l'agglomération grenobloise (Grenoble Alpes Métropole) a, par exemple, supprimé l'utilisation de réactifs dans son bassin de décantation lamellaire en introduisant des améliorations hydrauliques physiques (voir le **projet n° 6-ASTEE**) ;
  > intégrant, lors de la modernisation ou de la construction de nouvelles infrastructures, des technologies telles que le traitement anaérobie traditionnel[49] ou le réacteur à biofilm aéré à membrane (MaBR)[50], qui peuvent permettre de réduire les émissions de protoxyde d'azote.
  > réduisant, à l'aide d'algorithmes numériques (voir le **projet n° 10-ASTEE**), la consommation d'énergie liée aux biosolides issus des systèmes à boues activées, ceux-ci n'étant pas auto-échauffants et nécessitant donc de l'énergie (gaz ou fioul) au moment de leur incinération.

---

49. https://www.cranfield.ac.uk/research-projects/demonstrating-next-generation-circular-water-solutions

50. Rapport 2020 de l'Agence de protection de l'environnement (EPA) danoise

- **surveillance des rejets industriels au niveau des réseaux d'eaux usées :** cette surveillance a pour but de réduire les rejets d'eaux usées industrielles non conformes. Ces rejets sont susceptibles d'apporter des quantités excessives de nutriments, de graisses ou de composés chimiques toxiques, et d'augmenter ainsi les émissions de GES de l'usine de traitement. Ils peuvent être surveillés via des campagnes d'échantillonnage, des mesures en ligne des paramètres de base et des caméras couleur ;
- **réduction du transport du personnel, des approvisionnements et des sous-produits :** avant même d'envisager la transition vers l'utilisation d'énergies renouvelables dans le transport, il est souvent possible de réduire de manière significative les distances et le nombre de déplacements nécessaires pour assurer un service de qualité. La station d'épuration de l'agglomération grenobloise (Grenoble Alpes Métropole) réduit par exemple le transport des sous-produits en améliorant le compactage des refus de dégrillage et en étudiant la possibilité d'injecter les graisses collectées dans le digesteur présent sur site, au lieu de les transporter par camion dans une installation éloignée (voir le **projet n° 7-ASTEE**). Les transports peuvent également être réduits en effectuant une maintenance préventive afin de réduire l'utilisation des véhicules pour des réparations d'urgence, en planifiant efficacement les itinéraires et en employant éventuellement des carburants alternatifs.

1.3   Réduction de la consommation d'eau et d'énergie liée à l'eau au niveau des utilisateurs finaux

C'est au niveau des utilisateurs finaux que les émissions de GES du cycle de l'eau en milieu urbain sont les plus importantes. Inciter et encourager les entreprises industrielles et les ménages à réduire leur consommation d'eau et leurs besoins en énergie pour la production d'eau chaude sont des mesures très efficaces pour réduire les émissions de GES. Elles reposent essentiellement sur des actions d'information et de sensibilisation, comme évoqué au paragraphe 3.3, mais aussi sur des mesures physiques comme l'installation de dispositifs et appareils à faible débit, ou l'amélioration de l'efficacité énergétique des systèmes de chauffage de l'eau. Les compteurs individuels permettent également d'informer les utilisateurs finaux de leur consommation et de les inciter à la réduire. Le service d'eau n'est généralement pas directement responsable de la mise en œuvre de ces mesures, mais il peut utiliser son influence pour promouvoir le changement (voir le **projet n° 2-PFE**).

Parmi les mesures prises par un service d'eau public, citons la décision du Syndicat des Eaux d'Île-de-France (SEDIF) de décarboner son approvisionnement en eau potable (voir le **projet n° 3-ASTEE**). En adoucissant l'eau fournie aux utilisateurs, le SEDIF contribue à réduire les dépôts de tartre au niveau des installations de chauffage de l'eau, ce qui les rend plus efficaces et augmente leur durée de vie. L'analyse du cycle de vie réalisée dans le cadre de cette initiative montre déjà une réduction positive des GES, indépendamment de l'augmentation de la consommation d'eau du robinet en lieu et place de l'eau en bouteille. Ce dernier impact est difficile à mesurer, mais on estime qu'il réduit aussi significativement les émissions liées à l'ensemble du cycle de l'eau en milieu urbain.

1.4   Traitement des eaux usées à faible impact

En combinant des infrastructures vertes et grises, il est possible d'améliorer la rentabilité de diminuer les émissions carbone des services d'eau et d'assainissement. La ville de Notsé, au Togo, a par exemple mis en place un système d'approvisionnement en eau reposant sur des panneaux solaires et associé à un système de traitement des latrines et des zones humides, qui permet de fournir aux habitants les services de base dont ils avaient besoin (voir le **projet n° 4-PFE**). Les projets de ce type tendent à se multiplier dans les pays émergents et incitent de plus en plus de villes développées à envisager d'installer des systèmes décentralisés à leur périphérie au lieu d'étendre les capacités de traitement de leurs services centralisés (voir le **projet n° 8-ASTEE**). La prise en compte de solutions extensives plus sobres en carbone devrait être intégrée dans les programmes d'investissement et dans le processus de conception des services d'eau potable et d'eaux usées, en particulier dans les zones rurales.

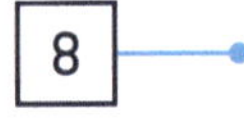

1.5 Gestion alternative des eaux de pluie

La gestion alternative des eaux de pluie consiste à retenir et à infiltrer les eaux de pluie à l'endroit où elles tombent afin d'éliminer les besoins énergétiques liés à leur transport et à leur traitement lorsqu'elles sont rejetées soit dans un égout unitaire, soit dans un réseau séparatif. Ces mesures associent des solutions fondées sur la nature (SFN) telles que les toits verts, les bassins de rétention, les jardins pluviaux ou les rigoles, à une réduction du pourcentage de surfaces urbaines non perméables, comme présenté au chapitre 4 (voir le **projet n° 12-PFE**). Au-delà des économies d'énergie réalisées, ces méthodes alternatives de gestion des eaux de pluie permettent également de séquestrer de petites quantités de carbone au niveau de la végétation et des sols, sans qu'il soit possible de les quantifier précisément à ce stade. Les installations séparées de traitement des eaux de pluie peuvent offrir des solutions plus sobres en carbone, soit via des opérations en unités de traitement classiques (physiques, chimiques et biologiques), soit via des SFN de gestion des eaux pluviales en zones humides, dont on peut tirer des bénéfices publics plus larges. En Floride par exemple, un système de traitement des eaux pluviales en zone humide est également devenu un site touristique noté sur Trip Advisor.[51]

1.6 Restaurer et préserver la qualité et la quantité des ressources en eau

En investissant dans la protection de la qualité des sources en eau, on réduit les besoins de traitement, ainsi que les consommations d'énergie et les émissions de GES associées (voir le **projet n° 13-PFE**). En préservant l'équilibre quantitatif d'une ressource, il n'est plus nécessaire de transporter l'eau sur de longues distances ou de devoir soumettre des eaux de moindre qualité issues du réseau d'approvisionnement local à un traitement intensif sur le plan énergétique. Ces approches impliquent fréquemment de restaurer des bassins versants, ce qui peut avoir comme bénéfice connexe de rétablir la teneur en carbone des sols et d'améliorer leur santé. Elles peuvent ainsi offrir des avantages plus larges au niveau du carbone, même s'ils ne sont pas pris en compte par les services d'eau dans les émissions qu'ils déclarent.

Une telle démarche nécessite une planification à long terme et la conclusion de partenariats entre institutions et zones géographiques, mais elle peut permettre non seulement de réduire l'empreinte carbone des services de l'eau, mais aussi d'accroître la résilience aux répercussions du réchauffement climatique, comme le souligne le chapitre 4.

---

51. https://www.tripadvisor.co.uk/Attraction_Review-g34467-d6366892-Reviews-Freedom_Park-Naples_Florida.html

2. ÉCONOMIE CIRCULAIRE

Le présent paragraphe se penche sur les mesures ou approches techniques qui conduisent à la production d'énergie renouvelable au sein des services d'eau et d'assainissement, ou au recyclage de matières provenant des eaux usées comme moyen permettant de réduire les émissions de GES. L'économie circulaire constitue une rupture avec le modèle économique linéaire (extraire, fabriquer, consommer, jeter) au profit d'un modèle économique circulaire (produire et consommer ce qui est nécessaire, (ré)utiliser tous les sous-produits et régénérer les systèmes naturels). Dans le secteur de l'eau, il est possible d'appliquer la règle dite des « 5R » de l'économie circulaire : réduire, réutiliser, recycler, récupérer (valoriser) et restaurer[52].

Les éléments « réduire » et « restaurer » sont abordés dans les paragraphes qui précèdent. Il est cependant utile de garder à l'esprit ici que la réduction des besoins constitue la première étape d'une démarche d'économie circulaire, et que la restauration de l'environnement est essentielle pour assurer la durabilité des projets[53].

2.1   3.2.1. Réutilisation de l'eau, des nutriments et des matériaux

Les eaux grises, les eaux usées ou les eaux pluviales peuvent être réutilisées à différents niveaux de traitement, par exemple comme eau non potable pour l'irrigation, les commodités et le nettoyage public. Cette approche est à la fois une mesure d'adaptation et d'atténuation, car elle permet d'apporter une réponse à la pénurie d'eau, et peut réduire la quantité d'énergie nécessaire au traitement en répondant aux exigences de ces usages plutôt qu'à celles du rejet dans une masse d'eau. Le traitement local décentralisé permet également de réduire les émissions liées à l'exploitation et à l'entretien des réseaux de distribution. Le traitement local des eaux grises nécessite en outre moins d'énergie que le traitement centralisé des eaux usées. Ces solutions doivent toutefois être évaluées par le biais d'une analyse du cycle de vie (ACV) en tenant compte de toutes les émissions, qu'elles soient liées ou non à l'énergie, afin de s'assurer qu'elles contribuent réellement à la réduction des émissions mondiales de GES[54].

Parmi les exemples de réutilisation des eaux usées traitées, on peut citer la municipalité d'eThekwini (Afrique du Sud), qui fournit de l'eau recyclée aux industries locales (voir le **projet n° 10-PFE**), ou, à plus petite échelle, Gaza, où des unités de recyclage des eaux grises permettent la réutilisation locale d'eau non potable par les habitants (voir le **projet n° 7-PFE**). Ce projet vise à équiper une centaine de foyers d'un système de traitement des eaux grises qui seront utilisées pour l'irrigation d'une exploitation forestière.

Lors du recyclage d'eaux usées traitées dans le secteur agricole, certains éléments nutritifs peuvent également être recyclés comme engrais. À Clermont Ferrand par exemple, les eaux usées urbaines, mélangées à celles d'une raffinerie de sucre locale, ont commencé à être réutilisées en 1996[55] pour irriguer environ 750 ha de cultures céréalières situées dans la plaine de la Limagne Noire. Ces terres manquaient de ressources souterraines, et il n'était pas envisageable d'effectuer des transferts d'eau depuis la rivière Allier. Autre exemple : l'usine d'As Samra, exploitée par Suez, traite les eaux du Grand Amman en Jordanie et recycle les eaux usées pour irriguer les cultures (voir le **projet n° 9-PFE**).

52. IWA 2016, Water utility Pathways in a Circular Economy. (Voies pour mettre en place une économie circulaire dans le secteur des services d'eau).

53. UKWIR 2021, What does a circular economy water industry look like? (À quoi ressemble une économie circulaire dans le secteur de l'eau ?)

54. Références sur les méthodes d'ACV et d'évaluation de l'éco-efficacité appliquées au secteur de l'eau, par exemple Farago *et al.* 2019, An eco-efficiency evaluation of community-scale rainwater and stormwater harvesting in Aarhus, Denmark (Évaluation de l'éco-efficacité de la collecte des eaux de pluie et des eaux pluviales à l'échelle de la collectivité à Aarhus, Danemark) (https://www.sciencedirect.com/science/article/abs/pii/S0959652619302902?via%3Dihub)

Farago *et al.* 2021, From wastewater treatment to water resource recovery: Environmental and economic impacts of full-scale implementation (Du traitement des eaux usées à la valorisation des ressources en eau : incidences environnementales et économiques d'une mise en œuvre à grande échelle (https://www.sciencedirect.com/science/article/pii/S0043135421007508?via%3Dihub)

55. Par l'Association Syndicale Autorisée (Asa) Limagne Noire

Les eaux usées ou les eaux de pluie peuvent également être utilisées pour fournir de l'eau potable. Il s'agit le plus souvent d'une réutilisation indirecte par réinjection dans les eaux souterraines, comme à Windhoek, en Namibie (voir le **projet n° 8-PFE**), ou dans les eaux de surface après un traitement extensif, comme à Singapour. Dans ce cas, la réutilisation de l'eau s'avère très énergivore et elle est mise en œuvre en tant que mesure d'adaptation au changement climatique.

Dans ces projets, la composante sociétale est un facteur de réussite essentiel pour faire accepter la réutilisation des eaux usées, en particulier dans le cas du concept « des toilettes au robinet ». L'acceptabilité de ce type de solution varie selon les régions du monde. Dans certains pays d'Asie et d'Afrique, il est courant d'utiliser les eaux usées pour fertiliser et irriguer les cultures.

Les nutriments peuvent être recyclés par l'épandage des biosolides produits par les usines de traitement des eaux usées. La Métropole du Grand Paris recycle par exemple plus de 60 % de ses biosolides dans l'agriculture. L'usine d'As Samra, en Jordanie, recycle également les boues sous forme de granulés pour une réutilisation comme engrais ou combustible (voir le **projet n° 9-PFE**). L'épandage des biosolides présente un intérêt agronomique car il améliore la qualité des sols (meilleure teneur en carbone et meilleure absorption de l'eau), notamment lorsque les boues sont digérées ou compostées. Le compostage des boues reste toutefois limité en France en raison du manque d'acceptabilité sociale et des obstacles réglementaires au mélange de différents types de flux de déchets. En outre, l'épandage des biosolides fait actuellement l'objet d'études relatives aux microplastiques et aux substances per- et polyfluoroalkylées (PFAS) contenues dans les eaux usées affluentes.

Des procédés innovants sont également mis en œuvre dans certains lieux pour valoriser les nutriments issus des flux de déchets de déshydratation des biosolides, et éviter ainsi les besoins énergétiques et l'impact potentiel des émissions de protoxyde nitreux en termes de GES liés à l'élimination de ces nutriments lorsqu'ils sont renvoyés en tête de filière, ou au niveau des cendres lorsque les biosolides sont utilisés pour produire de la chaleur. L'utilisation de l'azote et du phosphore valorisés pour remplacer les engrais classiques dans l'agriculture permettrait aussi d'éviter des émissions de GES. En effet, les engrais azotés sont généralement produits via un procédé chimique très gourmand en énergie, et le phosphore est une ressource minière disponible en quantités limitées dans le monde. Selon l'INSA de Toulouse, qui étudie plusieurs scénarios de valorisation des ressources contenues dans les eaux usées en collectant à la source les différentes ressources pouvant être valorisées, l'azote est celle qui présente le plus fort potentiel d'atténuation. Il convient de noter que les émissions évitées doivent être comptabilisées séparément des émissions de GES des services, afin d'éviter un double comptage des nutriments valorisés par le producteur et l'utilisateur.

Au-delà des nutriments, il est possible de produire des biomatériaux à partir des eaux usées, comme les bioplastiques produits avec des bactéries. Ces innovations dirigées par des chercheurs et des grandes usines de traitement des eaux usées sont encore en cours de conception en laboratoire ou en phase pilote, et doivent encore prouver leur faisabilité pour une mise en œuvre à grande échelle. Les boues d'eau potable peuvent également être réutilisées pour la valorisation de matériaux[56], tels que les granulés de chaux.[57]

2.2 Production d'énergie bas carbone

Les services d'eau et d'assainissement peuvent produire une quantité d'énergie à peu près équivalente à celle qu'ils consomment lors du traitement de l'eau et des eaux usées[58]. Nous sommes donc en train de passer d'une logique d'élimination (déchets) à une logique de valorisation en considérant les eaux usées et les boues comme des ressources[59], et en tirant le meilleur parti de la gravité. Il existe de nombreuses solutions, adaptées aux différentes tailles de services[60]. Pour que cette production d'énergie soit réellement faible en carbone, les services d'eau doivent veiller à maîtriser leurs émissions de protoxyde d'azote et leurs fuites de méthane[61].

56. IWA 2016, Water utility Pathways in a Circular Economy. (Voies pour mettre en place une économie circulaire dans le secteur des services d'eau).

57. Article du Dutch Water Sector (Secteur de l'eau des Pays-Bas), 2016 : Dutch water Sector Article, 2016: Reuse of lime from drinking water softening is profitable in a wider range of products. (La réutilisation de la chaux issue de l'adoucissement de l'eau potable peut être rentable pour produire une gamme de produits plus large).

58, 59. Guide Amorce Services publics d'eau et d'assainissement et changement climatique : leviers d'atténuation, 2019

60. Projets STEP du futur AERMC et laboratoire RESEED Ressources eaux et déchets INSA Lyon et IRSTEA

61. Lignes directrices sur la réduction des fuites de biogaz de l'Association européenne du biogaz

Les services d'eau et d'assainissement peuvent choisir de vendre ou de consommer eux-mêmes l'énergie qu'ils produisent. La vente à un tiers, comme le réseau de chauffage urbain ou le réseau de gaz, peut s'avérer très pertinente. Elle nécessite cependant de prendre en compte les exigences réglementaires locales et de définir des conditions contractuelles solides afin de garantir le volume et les prix unitaires de la transaction et de permettre un retour sur les investissements en infrastructures.

UTILISATION DES TERRES ET SURFACES DISPONIBLES POUR PRODUIRE DE L'ÉNERGIE SOLAIRE ET ÉOLIENNE

Bien qu'elle ne soit pas encore très répandue, la production d'énergie solaire sur les bâtiments des services d'eau et d'assainissement présente un potentiel intéressant. L'énergie produite peut être en partie consommée par le service et en partie vendue. L'installation de panneaux photovoltaïques (PV) est également très pertinente pour fournir l'énergie nécessaire au pompage des eaux souterraines dans les zones rurales isolées. C'est le cas par exemple, du projet d'approvisionnement en eau et en électricité de 9 villages dans la région des Plateaux au Togo, soutenu par l'ONG Électriciens sans frontières (voir le **projet n° 4-PFE**). L'énergie solaire peut également être couplée à d'autres sources d'énergie (éolienne, hydraulique, etc.) ou produite au moyen de panneaux photovoltaïques flottants installés sur des bassins d'irrigation, des réservoirs, des lacs artificiels, etc.

Les bassins versants et les bâtiments des usines de traitement peuvent être utilisés pour installer des éoliennes. Ces installations sont plus faciles à mettre en place dans les zones rurales pour des questions d'acceptabilité, et aussi parce que l'agitation urbaine rend généralement la production d'énergie éolienne à plus grande échelle très inefficace dans les villes. Pour qu'un projet d'éoliennes soit viable, la puissance installée doit être supérieure à 50 kW et la vitesse moyenne du vent supérieure à 3 m/s à 50 m du sol.

PRODUCTION DE CHALEUR

Trois approches peuvent être mises en œuvre pour récupérer la chaleur perdue au niveau des eaux usées :

- récupération dans le bâtiment utilisant de l'eau chaude, en captant les eaux usées avant qu'elles n'entrent dans le réseau d'égouts (via un échangeur thermique intégré ou au pied du bâtiment) ;

- récupération dans le réseau d'égouts, au niveau des canalisations existantes ou de nouvelles installations (voir le **projet n° 9-ASTEE**) ;

- récupération dans l'usine de traitement des eaux usées au niveau des eaux traitées.

De manière analogue, on peut récupérer de la chaleur au niveau d'une source d'approvisionnement en eaux souterraines, à l'exemple des forages de la nappe d'eaux souterraines de l'Albien, qui permettent à Eau de Paris de récupérer la chaleur pour alimenter le réseau de chauffage urbain (voir le **projet n° 2-ASTEE**).

Dans ces installations, le facteur essentiel de réussite est d'identifier un réseau ou un utilisateur local de chaleur basse température (par exemple une serre urbaine) susceptible d'utiliser la chaleur de récupération. Étant donné que le système utilise une pompe à chaleur pour la récupération, la température de la boucle chaude est en effet relativement basse, et peut ne pas convenir à tous les types de chauffage urbain, ou aux besoins en chauffage sur site.

PRODUCTION D'HYDROÉLECTRICITÉ

On peut produire de l'hydroélectricité décentralisée en installant des micro-turbines dans toutes les zones présentant un dénivelé et un débit d'eau suffisants. L'usine de traitement des eaux usées d'As Samra en Jordanie a par exemple installé une turbine hydroélectrique pour satisfaire une partie de ses besoins en électricité (voir le **projet n° 9-PFE**).

Dans ce type d'installations, le potentiel le plus important réside au niveau des grandes canalisations de transport de l'eau, où les débits sont élevés même en cas de faible dénivelé, ou dans les zones de montagne qui présentent de forts dénivelés même si les débits sont relativement modestes.

La Société Polynésienne des Eaux utilise par exemple cette technologie de micro-turbines pour l'eau potable à Papeete (Polynésie française) (voir le **projet n° 5-PFE**). Elle permet d'éviter l'utilisation d'énergies carbonées, fréquente dans les zones insulaires. Le service d'eau de Bergen, en Norvège, est également équipé de deux turbines hydrauliques installées en zone montagneuse, où l'eau est transportée depuis sa source jusqu'à la station de traitement de l'eau potable. Cette production assure 90 % des besoins énergétiques des services d'eau potable.

Les installations de traitement peuvent également être conçues comme des réserves d'énergie en incluant un bassin de rétention d'eau à deux étages. L'eau du bassin supérieur est transformée en électricité par des turbines lorsque le prix de l'électricité est le plus élevé, et collectée dans le bassin inférieur pour être repompée en direction du bassin supérieur lorsque les tarifs sont bas. Le réservoir supérieur est donc particulièrement adapté pour stocker de l'énergie intermittente excédentaire comme celle produite par les centrales solaires ou les éoliennes. Les eaux usées, les eaux grises, les eaux de pluie ou l'eau potable se prêtent au pompage et au stockage.

PRODUCTION D'ÉNERGIE À PARTIR DE BIOSOLIDES

En plus d'être une source de nutriments ou de matériaux valorisables, comme expliqué précédemment, les biosolides constituent également une source d'énergie : ils contiennent en effet des matières organiques facilement dégradables et transformables en méthane ou en chaleur, respectivement par des procédés de méthanisation ou d'incinération.

Un aperçu des différents procédés permettant de valoriser l'énergie des biosolides est présenté ci-après :

- Couplée à la récupération de chaleur, l'**incinération** des boues résiduelles permet d'alimenter des industries ou des réseaux de chauffage en **chaleur à haute température**. La chaleur peut également être utilisée en interne pour le chauffage des digesteurs, comme dans l'exemple de la station d'épuration de Grenoble (voir le **projet n°1-ASTEE**).

- La **digestion anaérobie** des biosolides produit du biogaz par méthanisation. Après purification, le biogaz peut être transformé en biométhane, utilisé comme combustible pour couvrir les besoins locaux en chauffage, ou transformé en chaleur et en électricité via une unité de cogénération. La digestion anaérobie est généralement mise en œuvre pour les installations de traitement de 30 000 équivalents-habitants (EH) ou plus. Toutefois, si les fuites de biogaz ne sont pas surveillées et maîtrisées, les émissions de méthane peuvent annuler les avantages offerts par l'utilisation du biogaz en lieu et place d'autres combustibles fossiles.[62]

- Les procédés hydrothermiques [63],[64] (voir le **projet n° 6-PFE**) :
  > La pyrolyse est un procédé thermique plus efficace que l'incinération pour valoriser l'énergie sous forme de bio-huile, de biochar (charbon à usage agricole), de syngaz (gaz de synthèse) et de chaleur.
  > La gazéification est un procédé thermique qui permet de valoriser l'énergie sous forme de syngaz et de biochar.
  > La carbonisation est un procédé thermique permettant de produire du biochar, lequel peut être utilisé comme combustible.

La méthanisation est un procédé biologique de dégradation de la matière organique en l'absence d'oxygène (digestion anaérobie), utilisé pour produire du biogaz et des boues digérées. Le biogaz est un produit gazeux essentiellement composé de méthane, de dioxyde de carbone et de vapeur d'eau. Une fois purifié, il forme du biométhane (plus de 97 % de méthane), qui peut être injecté dans le réseau de distribution de gaz naturel ou utilisé comme carburant dans certains véhicules. La boue digérée est un produit solide humide composé de matières organiques résiduelles non dégradées par la méthanisation et de matières minérales.

62. Rapport de l'Agence de l'énergie danoise, 2021 : Targeted efforts to reduce methane loss from Danish biogas plants (Efforts ciblés pour réduire les pertes en méthane dans les usines de méthanisation danoises).

63. Water Research Foundation 2021, HYPOWERS: Hydrothermal Processing of Wastewater Solids Phase 1 (Projet HYPOWERS : traitement hydrothermique des déchets solides d'eaux usées, phase 1)

64. Partenariat d'innovation Cométha, SIAAP-Syctom

Dans le cas du projet Cométha, développé dans le cadre d'un partenariat entre les services des eaux usées et des déchets solides de la Métropole du Grand Paris, les boues digérées sont transformées au moyen de traitements thermiques (pyrolyse, gazéification, carbonisation, etc.) afin de valoriser l'énergie (voir le **projet n° 6-PFE**). Ces procédés permettent, sous l'action de la chaleur et/ou de la pression, et dans un environnement à atmosphère contrôlée, de transformer une partie des boues digérées en syngaz, un mélange gazeux composé essentiellement d'azote, de dioxyde de carbone, de monoxyde de carbone, de méthane et d'hydrogène. Ce gaz de synthèse peut être stocké, utilisé pour produire de la chaleur ou transformé en biogaz par méthanisation[65].

La chaleur, le biogaz, le biométhane, le syngaz, l'hydrogène ou le biochar valorisés lors du traitement des biosolides sont considérés comme des énergies renouvelables. Ils peuvent être utilisés par exemple par les réseaux de chauffage ou de gaz urbains, ou par les flottes de transport public. Le biogaz du service public de Bergen, en Norvège, est par exemple utilisé comme carburant dans les bus locaux. En 2021, l'énergie produite aurait été suffisante pour faire 100 fois le tour de la Terre. Il convient toutefois de prendre en compte les émissions de GES associées à leur production dans l'évaluation des GES de l'usine de traitement, avant de pouvoir mettre en évidence, dans cette évaluation, les émissions évitées qui sont associées à l'utilisation des énergies renouvelables citées ci-dessus. Il est à noter que ces émissions évitées doivent être comptabilisées séparément, afin d'éviter un double comptage de la réduction des émissions de GES liée à l'utilisation des énergies renouvelables.

Ces solutions sont pertinentes surtout lorsque la valorisation des matières organiques et des nutriments directement dans le sol (compostage, épandage) n'est pas possible à proximité de l'usine, ou lorsque les biosolides ne satisfont pas les exigences de qualité pour l'épandage. Dans les cas où l'épandage des biosolides nécessite un transport sur de longues distances, la solution de valorisation énergétique peut offrir, globalement, un meilleur bilan carbone.

65. https://www.syctom-paris.fr/fileadmin/mediatheque/documentation/cometha/Syctom-Cometha_Dossier_2.pdf, page 5.

3. DÉCISIONS ET STRATÉGIE

La réduction des émissions de GES ne repose pas seulement sur des mesures techniques, mais aussi sur l'environnement favorable créé par les réglementations et les structures de gouvernance, ainsi que sur les diverses décisions et le positionnement stratégique des services de l'eau.

3.1 Sensibilisation et éducation

À tous les niveaux, les parties prenantes (population, décideurs, professionnels) doivent être informées des questions climatiques et des aspects liés à la gestion de l'eau, afin qu'elles puissent s'approprier ces problématiques, adopter une position responsable et prendre des décisions plus facilement. La recherche et les connaissances scientifiques sont essentielles pour fournir aux parties prenantes des informations et des données fondées sur la science, et contribuer à une planification stratégique saine et à des échanges de savoirs utiles.

Au niveau des services d'eau et d'assainissement, cela se traduit par un travail de diagnostic et de suivi d'indicateurs spécifiques tels que la qualité des ressources en eau, les prélèvements et la consommation d'eau, ou encore la consommation et la production d'énergie.

La formation du personnel technique, associée à la sensibilisation de la population locale, permet de définir une feuille de route pour évaluer et suivre les émissions de GES, et d'établir un plan d'action impliquant les utilisateurs finaux dans la réduction des émissions et l'adaptation aux impacts du changement climatique. C'est l'approche adoptée par la métropole de Montpellier avec le programme Aquamétro (voir le **projet n° 2-PFE**). Il propose des ateliers d'information sur les économies d'eau qui ciblent différents publics : écoliers, parents, locataires et propriétaires, services municipaux, services d'eau et d'assainissement.

3.2 Une gouvernance qui fait évoluer les pratiques

Les actions d'atténuation et d'adaptation sont impulsées par la gouvernance formelle et informelle instaurée autour des problématiques liées à l'eau. Les gouvernements ne sont en effet pas les seuls à avoir la responsabilité des services d'eau et d'assainissement, en particulier dans les pays à faible revenu, où la part des acteurs non étatiques se renforce. Les contraintes et pressions croissantes qui s'exercent au niveau des ressources en eau déclenchent une concurrence pour l'accès à l'eau, dont l'allocation fait l'objet de négociations. L'amélioration de la gouvernance est un élément essentiel pour accroître la résilience du secteur face aux effets du changement climatique. La gestion de l'eau dans le contexte du réchauffement climatique nécessite :

- d'impliquer un public plus large pour discuter des risques climatiques et les gérer ;
- de renforcer les capacités d'atténuation et d'adaptation ;
- de donner la priorité à la réduction des risques pour les personnes les plus vulnérables.

Les défis en matière d'adaptation et d'atténuation nécessitent cependant de disposer aussi d'infrastructures, d'informations et d'instruments juridiques et économiques spécifiques pour planifier les actions, mais aussi de mécanismes de suivi et de coordination ; tout ceci nécessitant un cadre institutionnel.

La gestion intégrée des ressources en eau permet d'impliquer les différents acteurs dans les questions climatiques à tous les niveaux de la société, de l'économie et de l'environnement (voir le **projet n° 12-PFE**). La fragmentation sectorielle peut néanmoins constituer un obstacle à l'intégration de ces enjeux.
Les informations et les données scientifiques doivent être accessibles localement afin de pouvoir alimenter le processus décisionnel local des parties prenantes. Dans le contexte du changement climatique, la consultation est un élément déterminant pour bien appréhender les défis, permettre l'appropriation des solutions proposées et partager une vision commune dans la mise en œuvre des actions d'atténuation. Le partage des expériences et des enseignements tirés des projets est un accélérateur de changement des pratiques.

3.3   Consommation responsable et incitations économiques

Dans de nombreuses régions du monde, le tarif de l'eau est fortement subventionné et ne reflète donc pas le coût total des services d'eau et d'assainissement, les difficultés de production dans les zones subissant un stress hydrique ou les périodes de pénurie. Il y a donc très peu d'incitation à économiser l'eau et à réduire la consommation. Différentes solutions ont été imaginées pour remédier à cette situation :

- Une tarification environnementale et sociale progressive de l'eau incite à réduire la consommation tout en assurant l'accès à l'eau pour tout le monde. Cette mesure est mise en œuvre en France depuis 2010 dans des zones connaissant une pénurie d'eau, et 50 collectivités locales ont été autorisées à expérimenter la tarification sociale (voir le **projet n° 2-PFE)**.

- D'autres incitations sont quant à elles basées sur l'économie de marché, mais elles peuvent s'avérer inefficaces, voire nuisibles si elles sont mal gérées. C'est notamment le cas avec la création d'un marché de l'eau, comme en Australie et, récemment, aux États-Unis, qui peut conduire à des dérives spéculatives, notamment, ou au renforcement des inégalités dans l'accès à l'eau. L'utilisation des marchés de l'eau soulève diverses problématiques.

- Les mesures incitatives pour réduire les émissions de GES des services peuvent prendre la forme d'une taxe carbone ou de crédits carbone. En France, les grandes compagnies d'eau peuvent bénéficier de crédits carbone lorsqu'elles utilisent du biogaz ou de la chaleur de récupération à la place de combustibles pour répondre à leurs besoins en chauffage.

3.4.   Énergie et fournitures bas carbone

Les services d'eau et d'assainissement peuvent décider de réduire davantage leurs émissions de GES en limitant leurs émissions de scope 2 et 3, en achetant de l'énergie verte et en adaptant le type de matériaux utilisés comme consommables pour le traitement. Eau de Paris étudie par exemple la possibilité de remplacer le charbon actif par des fibres de coco afin de réduire les émissions de GES au niveau de sa chaîne d'approvisionnement (voir le **projet n° 4-ASTEE**).

Ces démarches doivent être soutenues par des outils d'aide à la décision. Le calculateur de carbone développé par les autorités locales de Seine-Saint-Denis permet d'évaluer l'effet des travaux publics sur les émissions de GES, et d'adapter les méthodes de construction et le choix des matériaux de façon à réduire les impacts des nouvelles constructions ou des réhabilitations. Le service d'eau de Bergen, en Norvège, dispose également d'un outil de mesure de l'empreinte climatique qu'il a lui-même mis au point (incluant les niveaux 2 et 3). Avec cet outil, la compagnie a notamment modifié les matériaux et agents chimiques de filtration en tenant compte des émissions de production et de transport qui leur sont associées.

En collaboration avec leurs fournisseurs, les services d'eau peuvent choisir d'acheter des produits chimiques avec une empreinte carbone plus faible, tant au niveau de la fabrication que du transport.

Réductions des émissions de GES *combinées à des* solutions d'adaptation *et de* préservation des ressources en eau

1. PROTECTION DES RESSOURCES EN EAU

Les services d'eau et d'assainissement sont affectés par la détérioration de la qualité de l'eau liée à la baisse des étiages et à l'augmentation des températures dans les rivières due au réchauffement climatique et à d'autres facteurs interdépendants[66] . Ces phénomènes sont susceptibles de stimuler la croissance des algues et des bactéries dans les masses d'eau, et la solubilité de l'oxygène pourrait diminuer.[67] On s'attend à ce que ces services soient obligés de consommer davantage d'énergie pour traiter des sources d'eau potable dégradées et satisfaire des exigences plus strictes en matière de rejet des eaux usées traitées, en raison notamment du risque accru d'eutrophisation des rivières et des ruisseaux.

Les services d'eau préfèrent parfois agir en amont pour préserver les ressources en eau. C'est le cas d'**Eau de Paris**, qui approvisionne trois millions d'usagers en eau potable et applique une politique de protection des ressources en eau grâce à des partenariats avec des agriculteurs afin de limiter l'utilisation de pesticides et d'intrants qui pourraient se retrouver dans les réservoirs d'eau situés en amont. En 2020, cette politique a été renforcée par un système novateur de subventions aux agriculteurs visant à les dédommager pour les services environnementaux qu'ils fournissent. Une autre politique consiste à acquérir des terres pour les louer à des agriculteurs engagés dans des démarches environnementales par le biais de baux ruraux, de politiques « zéro pesticide » et d'une gestion écologique des bassins versants.

Les ressources en eau peuvent être préservées grâce à des solutions fondées sur la nature (SFN), telles que la restauration de la continuité physique et écologique des cours d'eau, la plantation d'arbres qui apportent de l'ombre et empêchent donc l'élévation de la température de l'eau, ou la restauration des services écosystémiques comme la filtration naturelle. Toutes ces solutions contribuent également à stabiliser ou à réduire les émissions de GES, notamment par la séquestration du carbone.

---

66. Plateforme internet Température et Eau de l'USGS (United States Geological Survey/agence américaine des études géologiques)

67. GIZ *et al.* 2020 : Stop Floating, Start Swimming (Arrêtez de flotter, commencez à nager), p. 25

2. ADAPTER LES SERVICES AUX RÉPERCUSSIONS DU CHANGEMENT CLIMATIQUE

Au-delà de la protection à la source des ressources en eau, les services d'eau et d'assainissement doivent adapter leur stratégie d'approvisionnement et de stockage de l'eau, ainsi que leurs méthodes de planification et d'exploitation.

2.1 Approvisionnement en eau *(services d'eau potable)*

Les services d'eau sont confrontés à des problèmes de pénurie et de pollution des eaux, qui deviennent de plus en plus fréquents en raison de facteurs tels que le changement d'affectation des terres, la croissance démographique, l'urbanisation accrue, la demande croissante, etc., qui sont exacerbés par le réchauffement climatique. Afin de garantir la fourniture et d'assurer la qualité et la quantité, les services d'eau s'appuient sur l'**interconnexion des réseaux d'approvisionnement** et sur la **diversification de leur** portefeuille de **ressources**. Le plus important est d'avoir une bonne connaissance de la capacité de la ressource et de **planifier l'adaptation du prélèvement à l'évolution de la capacité de la ressource**. En période de déficit quantitatif, des mesures préventives et des restrictions de certains usages (arrosage, nettoyage urbain) sont mises en place par les autorités locales, des actions étant également menées pour mobiliser les citoyens, comme évoqué plus haut. Ces mesures restrictives ont été instaurées avec succès en France, ainsi que dans de nombreux autres pays, comme l'Australie, lors de la « sécheresse du millénaire », ou plus récemment au Cap (Afrique du Sud).

> Le plus important est d'avoir une bonne connaissance de la capacité de la ressource et de planifier l'adaptation du prélèvement à l'évolution de la capacité de la ressource.

2.2 Stockage

Le stockage de l'eau peut apporter une réponse à divers impacts du changement climatique : l'eau en excès en cas d'inondations ou de précipitations extrêmes peut être captée et redistribuée pendant les périodes de pénurie d'eau. Le changement climatique menace la survie de systèmes de stockage naturels, tels que les glaciers et les zones humides naturelles, qui sont souvent des composantes essentielles du cycle de l'eau d'un bassin, car ils régulent les variations de disponibilité de l'eau. [68]

> *Figure 5:* **Le potentiel des différents systèmes de stockage de l'eau pour accroître la résilience climatique**

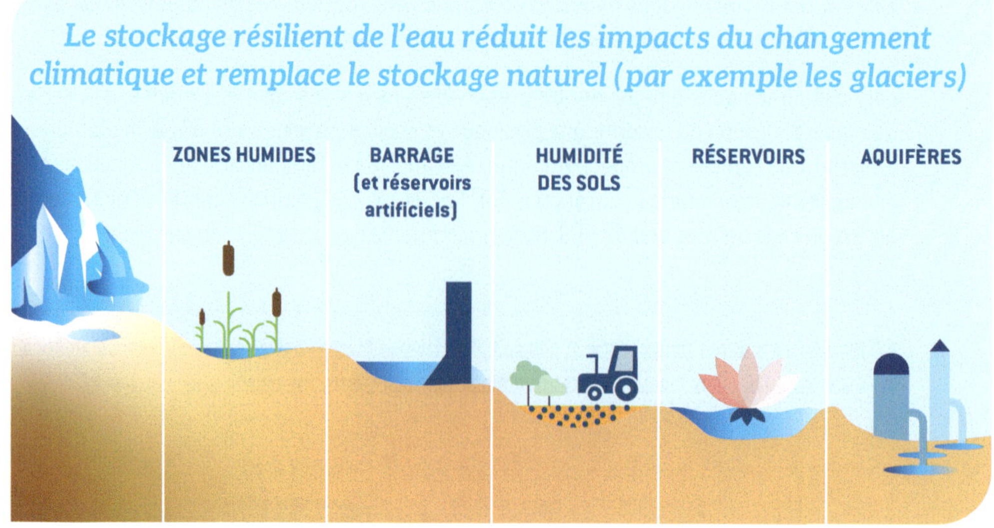

68. GIZ *et al.* 2020 : Stop Floating, Start Swimming (Arrêtez de flotter, commencez à nager, p. 94

Dans le contexte du réchauffement climatique, les méthodes de stockage (réservoirs, barrages) et d'acheminement (transfert de l'eau dans des canaux) des infrastructures grises classiques sont affectés par des problèmes d'envasement et de ruissellement, mais aussi par des préoccupations liées à leur impact environnemental, qui se traduisent par un ensemble de restrictions. En outre, les possibilités de stockage les plus accessibles ont bien souvent déjà été mises en œuvre (du moins dans les pays développés). Face à ces limites, les Nations unies[67] et l'IWMI (l'Institut international de gestion de l'eau)[68] suggèrent que l'approvisionnement en eau pourrait être assuré par l'intermédiaire de solutions hybrides associant des méthodes conventionnelles et des solutions fondées sur la nature. Pour assurer la disponibilité de l'eau dans le contexte du changement climatique, plusieurs mesures semblent nécessaires :

- mise en place d'**un stockage d'eau d'urgence** permettant la distribution d'eau potable en cas de sécheresse extrême. La ville de Paris dispose par exemple d'un système de stockage souterrain (*stockage d'eaux souterraines de la nappe de l'Albien*), dont l'utilisation est aujourd'hui réservée aux situations de pénurie. Pour aller dans le sens de la réduction des émissions de GES, ce stockage d'urgence doit, autant que possible, pouvoir être alimenté par gravité ou reposer sur des châteaux d'eau économes en énergie qui réduisent les besoins de pompage. Il serait en outre judicieux d'identifier, à l'échelle des villes, des synergies permettant d'utiliser ces systèmes de stockage d'urgence comme des réservoirs de chaleur et de froid pour les réseaux de chauffage urbains locaux, à l'image de ce qui a été mis en œuvre par Eau de Paris pour le stockage d'eaux souterraines de la nappe de l'Albien (voir le **projet n° 2-ASTEE**).

- **augmentation de la capacité des systèmes de stockage et de leur gestion :** Comme nous l'avons vu, la capacité des systèmes classiques (barrages, réservoirs) ne peut pas être étendue au-delà de certaines limites. L'utilisation de solutions fondées sur la nature pourrait néanmoins contribuer à accroître le stockage en concevant des zones humides ou en augmentant la rétention d'eau dans les sols.[69]

- **la recharge maîtrisée des aquifères (eaux souterraines)** a pour but d'augmenter le volume d'eaux souterraines disponible en améliorant l'infiltration naturelle de l'eau dans l'aquifère (eau de pluie ou eaux usées traitées). La recharge des aquifères présente de nombreux avantages. Elle permet notamment d'optimiser le stockage de l'eau, de réalimenter les aquifères qui se vident, d'améliorer la qualité des eaux souterraines qui se dégradent et de limiter les risques d'infiltration d'eau salée dans les aquifères côtiers ou les dolines. La recharge des aquifères peut en outre être combinée à une stratégie de lutte contre les inondations par le biais de réservoirs (tel que des bassins de rétention). Les solutions fondées sur la nature, telles que la protection ou la revégétalisation des sols favorisant l'infiltration de l'eau, sont des moyens très efficaces et peu coûteux pour améliorer le processus de réalimentation des aquifères. La mise en œuvre de ces solutions à grande échelle nécessite la constitution de partenariats qui sont longs à établir, mais dont des avantages peuvent aller bien au-delà de la seule recharge des aquifères.

Windhoek, la capitale de la Namibie, est située dans l'une des régions les plus arides d'Afrique australe, où l'absence de pluie, la forte évaporation et les prélèvements pour l'approvisionnement en eau potable empêchent la nappe phréatique de se recharger. Face à cette situation de stress hydrique permanent, l'opérateur du réseau d'eau a mis en place en 1968 un système de recyclage des eaux usées pour recharger les eaux souterraines qui fournissent l'eau potable (voir le **projet n° 10-PFE**).

67. Rapport mondial sur la mise en valeur des ressources en eau 2020 - L'eau et le changement climatique, 2020

68. IWMI (International Water Management Institute/Institut international de gestion de l'eau) / GWP (Global Water Parnership/ Partenariat mondial de l'eau) 2021 : Storing water: A new integrated approach for resilient development (Stockage de l'eau : une nouvelle approche intégrée pour un développement résilient).

69. Nature-based Solutions for Water 2018: The United Nations World Water Development Report 2018 (Solutions fondées sur la nature pour l'eau 2018 : rapport mondial de développement de l'eau 2018

2.3 Adapter le fonctionnement des services d'eau et d'assainissement

La complémentarité des mesures d'adaptation et d'atténuation pour faire face au réchauffement climatique se reflète dans la façon dont les services d'eau et d'assainissement adaptent leur planification et leur fonctionnement pour répondre au mieux à l'évolution de leurs besoins. Cette complémentarité est illustrée par les démarches suivantes :

- **adaptation de la taille des infrastructures :** mise en place d'infrastructures modulaires qui s'adaptent à des contextes variés et permettent, si possible, d'utiliser moins d'énergie. Il s'agit d'améliorer la capacité d'adaptation des installations face aux incertitudes futures, et d'éviter d'investir dans des infrastructures surdimensionnées qui pourraient ne jamais fonctionner à leur rendement optimal. La mise en œuvre de solutions fondées sur la nature au sein de systèmes hybrides peut favoriser cette adaptabilité.

- **adaptation du traitement à l'utilisation prévue et obtention du niveau de qualité d'eau exact requis pour l'usage spécifique.** Dans les régions où l'eau est rare, des eaux usées (partiellement) traitées peuvent être utilisées pour irriguer les cultures[70] , arroser les espaces verts[71] , nettoyer les espaces publics ou alimenter les processus industriels au lieu d'être rejetées dans l'environnement, en particulier lorsque l'énergie nécessaire pour satisfaire les exigences liées à ces usages est inférieure à celle requise pour les évacuer et identifier d'autres sources d'approvisionnement en eau. Il convient de noter que, dans le contexte de l'augmentation de la température des rivières, la consommation d'énergie liée à l'élimination de l'azote contenu dans les eaux usées peut augmenter pour répondre aux exigences de rejet dans l'environnement.

- **prévention des risques d'inondation et gestion des eaux de pluie**

La gestion saine des eaux de pluie permet de réduire 1/ le ruissellement aval dans les ruisseaux et rivières, et 2/ le rejet dans les infrastructures d'assainissement collectif telles que les égouts, les collecteurs, les stations de stockage ou de traitement. On peut ainsi réduire les risques d'inondation et de coulées de boue et diminuer la fréquence des débordements qui surviennent lorsque d'importantes quantités d'eau non traitée sont déversées dans les rivières. La réduction de la dilution des eaux usées offre en outre la possibilité de limiter le degré d'incertitude qui conduit souvent au surdimensionnement de l'installation de traitement lors de sa phase de conception. C'est aussi une solution pour réduire la consommation d'énergie nécessaire pour éliminer des charges polluantes spécifiques.

Plus les eaux usées sont diluées, plus le volume à traiter est important et l'élimination d'une même quantité de polluants énergivore. Outre la gestion saine des eaux de pluie, les services d'eau et leurs villes peuvent réduire leur vulnérabilité en mettant en place un système d'alerte d'urgence et une information préventive, mais aussi en identifiant des solutions pour limiter les risques sur leurs actifs les plus vulnérables.

> **Outre la gestion saine des eaux de pluie, les services d'eau et leurs villes peuvent réduire leur vulnérabilité en mettant en place un système d'alerte d'urgence et une information préventive**

70. Publication « Nature-based Solutions for Wastewater treatment » (Solutions fondées sur la nature pour le traitement des eaux usées), pages 27 et 34.

71. En France, le seul usage autorisé des eaux usées traitées, avec ou sans traitement complémentaire selon le niveau de qualité requis (A, B, C ou D, voir le décret ministériel du 06/08/2010), est « l'arrosage des espaces verts ».

Il existe tout un éventail de solutions pour réduire ces risques. L'une d'entre elles consiste à passer d'un réseau d'égouts unitaire à un **réseau séparatif**, qui collecte les eaux usées séparément des eaux de pluie. Cette solution est coûteuse, mais elle permet d'appliquer des traitements adaptés à chaque type d'eau. Si l'installation d'un réseau séparatif n'est pas réalisable, les débordements des égouts unitaires peuvent être traités par le biais d'un système de zones humides, rentable et moins consommateur d'énergie que le traitement mécanique.

Une autre solution consiste à procéder à une **gestion intégrée des eaux de pluie** et à la désimperméabilisation des sols. L'inondation par les eaux de pluie est fortement corrélée à la diminution de la perméabilité des sols, qui ont été transformés par l'urbanisation et empêchent l'infiltration des eaux de pluie à l'endroit où elles tombent. En France, environ 200 à 250 km² sont convertis en surfaces non perméables tous les 25 à 30 ans. Or, près de 80 % de la pollution d'une goutte d'eau intervient au moment du ruissellement. Il est donc particulièrement pertinent de favoriser l'infiltration locale des eaux de pluie.

L'approche de la Roannaise des Eaux (Loire) est très inspirante pour une gestion intégrée des eaux de pluie (voir le **projet n° 12-PFE**). La solution du réseau séparatif étant trop coûteuse pour la collectivité locale, il a été décidé de mettre en œuvre des mesures spécifiques de gestion des eaux de pluie respectant une série de priorités :

- **limitation des surfaces non perméables** lors de la construction avec, si possible, des bâtiments en hauteur ;
- transformation des zones non bâties en espaces verts pour augmenter les taux d'infiltration ;
- construction de routes d'accès et d'aires de stationnement comportant des surfaces perméables ;
- promotion de la rétention des eaux de pluie sur les toits : toits végétalisés, toitures-terrasses, etc. ;
- utilisation de solutions fondées sur la nature de type noues, bassins secs, tranchées drainantes, puits d'infiltration, jardins pluviaux, etc. ;
- **déconnexion et perméabilisation des surfaces urbaines** par la mise en place d'un programme proactif visant à désimperméabiliser progressivement les espaces urbains existants et à déconnecter les surfaces imperméables aux eaux de pluie, en profitant de synergies avec des projets en cours (routes, bâtiments, etc.).

FOCUS sur les services écosystémiques et les solutions fondées sur la nature

Les solutions fondées sur la nature peuvent être pertinentes pour les services d'eau et d'assainissement dans le cadre des mesures d'atténuation et d'adaptation au changement climatique. L'Union internationale pour la conservation de la nature (UICN) les définit comme des « mesures visant à protéger, à gérer et à restaurer de façon durable des écosystèmes naturels ou modifiés, qui répondent aux défis sociétaux de façon efficace et adaptative, tout en offrant des bénéfices sur le plan du bien-être humain et de la biodiversité ». Les SFN peuvent être mises en œuvre dans tous les types d'environnement, qu'ils soient ruraux, urbains ou naturels. Elles fournissent des services écosystémiques qui peuvent constituer un réel avantage pour les services d'eau et d'assainissement. Diverses catégories de SFN offrent des solutions susceptibles d'être exploitées au profit des services d'eau et d'assainissement :

La **restauration écologique** aide les écosystèmes à mieux fonctionner grâce à des mesures hydromorphologiques visant à améliorer à la fois les capacités naturelles de purification de l'eau et l'infiltration, qui permet à leur tour de prévenir les inondations.

Le **génie écologique** peut être utilisé pour la gestion alternative des eaux usées, ou après son traitement par les services d'assainissement. On peut citer à cet égard les jardins filtrants (lits de roseaux ou autres plantes en fonction du climat local), le lagunage naturel, les zones de rejet végétalisées, etc.

L'utilisation de jardins filtrants comme solution de purification des eaux a été expérimentée, par exemple, dans la province de Tiznit au Maroc. Les polluants et les métaux lourds sont concentrés dans les plantes filtrantes et l'eau est purifiée. Les plantes sont renouvelées, et après leur incinération leurs cendres sont réutilisées (par exemple dans les cimenteries). Il convient de noter ici que l'incinération de la biomasse produit principalement des émissions de CO_2 biogénique et de très faibles quantités de N_2O. Des émissions directes de GES (CH_4 et N_2O) peuvent survenir pendant le traitement dans la zone humide, mais elles sont généralement compensées par la séquestration du carbone dans la biomasse.[72] Le lagunage naturel ou l'utilisation de zones humides artificielles constituent également une technique d'auto-purification naturelle : de l'eau à faible débit traverse une série de bassins tampons où elle est progressivement purifiée.

Ces zones intermédiaires contribuent à protéger le milieu récepteur contre le rejet direct d'eaux usées, soit en se substituant à une station d'épuration, soit en servant de moyen de traitement tertiaire avant le rejet dans le milieu naturel dans des zones particulièrement sensibles.

Les **infrastructures vertes** (réseaux d'espaces verts, corridors écologiques), qui entrent dans la gestion intégrée des eaux de pluie, pourraient devenir des réserves de biodiversité urbaine grâce aux jardins pluviaux, rigoles, etc.

Les **mesures naturelles de rétention d'eau** contribuent à ralentir le ruissellement des eaux en restaurant les écosystèmes et en modifiant les pratiques agricoles et forestières. Ces actions ont un impact positif sur les services d'eau, car elles réduisent les risques d'inondation et le déficit quantitatif des masses d'eau. Elles prennent des formes variées en milieu rural (haies, déversoirs, prairies), en milieu urbain (toits végétalisés, bassins de rétention) ou en milieu naturel (zones humides restaurées, cours d'eau renaturés, etc.).

---

72. Badiou *et al.* 2011: Greenhouse gas emissions and carbon sequestration potential in restored wetlands of the Canadian prairie pothole region (Émissions de gaz à effet de serre et potentiel de séquestration du carbone dans les zones humides restaurées de la région des fondrières des Prairies canadiennes)

5

L'expertise française : exemples de solutions

Ce chapitre présente 13 cas pratiques de projets réalisés en France ou à l'international par des acteurs français et des partenaires du Partenariat Français pour l'Eau (PFE).

Ces études de cas illustrent les trois grandes catégories d'actions d'atténuation et d'adaptation - approches simples et efficaces, économie circulaire et choix stratégiques - qui ont été présentées dans les chapitres précédents.

Parallèlement à l'élaboration de ce rapport par le PFE, l'Association Scientifique et Technique pour l'Eau et l'Environnement (ASTEE) a réalisé, en partenariat avec l'IWA (Association internationale de l'eau) une publication sur les enjeux de la réduction des émissions de gaz à effet de serre dans les services d'eau et d'assainissement en France. Les 11 études de cas compilées par l'ASTEE sont présentées dans le tableau figurant en fin de chapitre. Leur description complète est disponible sur le site internet de l'ASTEE.

N° PFE

2	*Montpellier, France* - **programme de sensibilisation aux économies d'eau auprès de différents publics,** Agence locale de l'eau et de l'énergie, Montpellier Méditerranée Métropole
3	*Chiang Mai, Thaïlande* - **Évaluation des émissions de GES et action pour prévenir les fuites, optimisation des pompes de l'autorité de gestion des eaux usées,** IWA (Association internationale de l'eau) et GIZ (agence allemande de coopération internationale pour le développement), projet financé par le ministère allemand de l'environnement
4	*Région des Plateaux, Togo* - **Pompage solaire, assainissement écologique, organisation de comités de gouvernance locaux,** Électriciens sans frontières
11	*Ouijjane, Province de Tiznit, Maroc* - **Assainissement avec des lits de roseaux filtrants et recyclage pour l'agriculture,** Association Migrations et Développement
12	*Roannais, France* - **Gestion intégrée des eaux de pluie,** Syndicat Roannaise de l'eau
13	*Paris, France* - **Protection de la ressource en eau pour moins de traitement,** Eau de Paris

N° Astee

3	*Grand Chalon, France* – **Décarbonation,** Suez et Climat Mundi
5	*Paris, France* - **Économies d'énergie,** Eau de Paris
6	*Grenoble, France* - **Optimisation hydraulique,** Grenoble Alpes Métropole
7	*Grenoble, France* - **Optimisation du prétraitement,** Grenoble Alpes Métropole
8	*Bas-Rhin, France* - **Assainissement non collectif,** Aquatiris et Alternative
10	*Le Havre, France* - **Optimisation de l'incinération,** Le Havre Seine Métropole et Veolia
11	*Île-de-France, France* - **Pompes optimisées,** SAUR

ÉCONOMIE CIRCULAIRE

N° PFE

1	*Cusco, Pérou* - **Réduction des émissions de GES issues de la gestion des eaux usées urbaines,** SEDACUSCO-IWA-GIZ, projet soutenu par le ministère allemand de l'environnement
4	*Région des Plateaux, Togo* - **Pompage solaire, assainissement écologique, organisation de comités de gouvernance locaux,** Électriciens sans frontières
5	*Papeete, Polynésie française* - **Production d'électricité par micro-turbines pour l'eau potable,** Société polynésienne des eaux
6	*Paris, France* - **Cométha : projet pilote de co-méthanisation d'une partie non valorisable des déchets organiques issus d'ordures ménagères et de boues d'épuration,** SIAAP (Syndicat interdépartemental pour l'assainissement de l'agglomération parisienne) et SYCTOM (Syndicat mixte central de traitement des ordures ménagères)
7	*Gaza, Palestine* - **Réutilisation des eaux grises à la source au niveau des foyers pour l'irrigation,** Secours Islamique France (ONG)
8	*Windhoek, Namibie* - **Recyclage des eaux usées en eau potable, reconstitution des nappes phréatiques,** Veolia
9	*Amman, Jordanie* - **Production d'énergie propre par l'usine As Samra, réutilisation des eaux usées pour l'agriculture,** SUEZ
10	*10- Durban, municipalité d'eThekwini, Afrique du Sud* - **Ville résiliente à l'eau, recyclage des eaux usées, préservation des ressources en eau,** Veolia et Municipalité d'eThekwini
11	*11- Ouijjane, Province de Tiznit, Maroc* - **Assainissement avec des lits de roseaux filtrants et recyclage pour l'agriculture,** Association Migrations et Développement

N° Astee

1	*Grenoble, France* - **Production de biogaz,** Grenoble Alpes Métropole -
2	*Île-de-France, France* - **Chaleur géothermique,** Eau de Paris
9	*Issy-les-Moulineaux, France* - **Chaleur produite à partir d'eaux usées,** Veolia et Issy Énergies Vertes

CHOIX STRATÉGIQUES

N° PFE

1	*Cusco, Pérou* - **Réduction des émissions de GES issues de la gestion des eaux usées urbaines,** SEDACUSCO-IWA-GIZ, projet soutenu par le ministère allemand de l'environnement
2	*Montpellier, Aquamétro* - **Programme de sensibilisation aux économies d'eau auprès de différents publics, Agence Locale de l'eau et de l'énergie,** Montpellier Méditerranée Métropole
6	*Île-de-France, France* - **Cométha : projet pilote de co-méthanisation d'une partie non valorisable des déchets organiques issus d'ordures ménagères et de boues d'épuration,** SIAAP et SYCTOM
12	*Roannais, France* - **Gestion intégrée des eaux pluviales,** Syndicat Roannaise de l'eau

N° Astee

| 4 | *Paris, France* – **Réactif bas carbone,** Eau de Paris |

Atténuation   Adaptation

Réduire les GES
des services d'eau et d'assainissement

LÉGENDE

RISQUES

CH_4, N_2O, CO_2 non liés à l'énergie

CO_2 lié à l'énergie

Risques liés au dérèglement climatique

LISTE DES ACTIONS D'ATTÉNUATION

SOBRIÉTÉ

Réduire les pertes et fuites ③

Efficience du fonctionnement des services ③ ③ ⑥ ⑦ ⑩ ⑪

Réduire la consommation des usagers en eau et en énergie liée à l'eau ② ⑤

Traitement écologique des eaux usées et pluviales ④ ⑪ ⑧

Gestion différenciée des eaux pluviales ⑫

Restaurer et préserver la qualité et la quantité de la ressource ⑬

ECONOMIE CIRCULAIRE

Valorisation ressources (eau, matière, nutriments) ⑦ ⑧ ⑨ ⑩ ⑪

Valoriser le foncier des services d'eau et d'assainissement pour la production d'énergie solaire ou éolienne ④

Valorisation de la chaleur ② ⑨

Valorisation de l'énergie potentielle du réseau ⑤ ⑨

Valorisation énergétique des boues d'épuration ① ⑥ ①

CHOIX STRATÉGIQUES

Formation et sensibilisation ②

Gouvernance et gestion intégrée de la ressource en eau ① ⑥ ⑫

Incitation économique à la consommation responsable ②

Choix d'utiliser des intrants et de l'énergie bas carbone ④

1

Production d'énergie propre et réduction des émissions de GES grâce à une meilleure gestion des eaux usées à Cusco

SECTEUR:

EAU ET ASSAINISSEMENT

PROMOTEURS DU PROJET :
ministère péruvien du logement, de la construction et de l'assainissement (MVCS) et ministère fédéral allemand de l'environnement, de la protection de la nature, de la sûreté nucléaire et de la protection des consommateurs (BMUV), mise en œuvre dans le cadre du projet WaCCliM de la GIZ et de l'IWA

CONTEXTE

LIEU : Cusco, Pérou

TYPE DE TERRITOIRE : URBAIN

CONTEXTE PRÉALABLE À L'ACTION :
à Cusco, le traitement des eaux usées par la société municipale d'eau et d'assainissement SEDACUSCO générait environ 110 000 tonnes de boues par an. Sans traitement approprié, les boues attiraient des insectes, dégageaient des odeurs très nauséabondes et contribuaient à la dégradation de l'environnement. Les émissions de méthane associées, ainsi que les celles liées à la consommation d'énergie, accéléraient en outre le réchauffement climatique.

BÉNÉFICIAIRES :

environ 350 000 habitants

DESCRIPTION DU PROJET

avec le soutien du MVCS et du BMUV, la compagnie publique SEDACUSCO a installé et commencé à exploiter un digesteur anaérobie pour traiter les boues et produire du biogaz, qui est toutefois brûlé sans valorisation. Dans une prochaine étape, SEDACUSCO prévoit de transformer le biogaz produit en énergie thermique et en électrique, qui seront utilisées pour faire fonctionner l'usine de traitement des eaux usées, et permettront d'économiser des coûts énergétiques et des émissions de CO_2 et de rendre l'usine de traitement auto-suffisante en énergie.

COÛT DU PROJET : n/a

IMPACT SUR LES ÉMISSIONS : la quantité d'émissions de GES provenant des boues non traitées a été réduite de plus de 7 400 tonnes équivalent CO_2 par an, ce qui correspond aux émissions de plus de 5 500 vols passagers aller-retour Lima-Francfort. L'exploitation du système de production d'énergie propre alimenté par du biogaz permettra aussi d'économiser 544 tonnes d'émissions évitées par an et 260 000 euros de frais d'électricité annuels.

2

Aquamétro : une stratégie commune pour économiser l'eau et l'énergie

SECTEUR:

action ciblée sur les consommateurs

(à l'étape de la distribution de l'eau)

PROMOTEUR DU PROJET :
Agence locale de l'énergie et du climat, Montpellier Méditerranée Métropole

CONTEXTE

LIEU : métropole de Montpellier, France

TYPE DE TERRITOIRE : URBAIN / SUBURBAIN

CONTEXTE PRÉALABLE À L'ACTION :

- distribution quotidienne de 88 622 m³,
- 183 L/pers/jour,
- le rendement du réseau est de 83,2 %

BÉNÉFICIAIRES :

28 communes sur les 31 que compte Montpellier Méditerranée Métropole,

POPULATION DE LA MÉTROPOLE DE MONTPELLIER :

481 276 habitants.

DESCRIPTION DU PROJET

DATES DU PROJET : de 2016 à aujourd'hui

- **Sources d'émissions de gaz à effet de serre concernées :** émissions liées à l'énergie (scope 2), réduction réalisée grâce à des économies d'eau

- **Description des actions visant à réduire les émissions de GES :**
  > Action 1 : consommation d'eau du domaine municipal
  > Action 2 : base de données sur la consommation d'eau
  > Action 3 : défi « éco'minots »
  > Action 4 : promotion des économies d'eau auprès du grand public
  > Action 5 : promotion des économies d'eau dans les logements collectifs (« Copr'eau »)
  > Action 6 (à venir) : label « Commune économe en eau »
  > Action 7 : défi des parents

COÛT DU PROJET : 413 000 € entre 2016 et 2020, dont 2 personnes en équivalent temps plein

PORTÉE DES ÉCONOMIES D'EAU :

Action 1 = 17 % d'économies d'eau réalisées notamment grâce à la détection précoce des fuites
Action 3 = défi « éco'minots » : 20 % d'économies d'eau en moyenne

Réduction des émissions de gaz à effet de serre des services d'assainissement à Chiang Mai, Thaïlande

3

SECTEUR :

traitement des eaux usées

PROMOTEURS DU PROJET :
le projet WaCCliM est mis en œuvre par la GIZ et l'IWA pour le compte du ministère fédéral allemand de l'environnement, de la protection de la nature, de la sûreté nucléaire et de la protection des consommateurs (BMUV), de l'autorité thaïlandaise de gestion des eaux usées (WMA), et du ministère thaïlandais des ressources naturelles et de l'environnement (MNRE)

CONTEXTE

LIEU : Chiang Mai, Thaïlande, zone nord de la rivière Ping

ÉTAT DE L'EAU DANS LE BASSIN FLUVIAL : rivière polluée

TYPE DE TERRITOIRE : URBAIN

CONTEXTE PRÉALABLE À L'ACTION : dans la ville de Chiang Mai, une étude préliminaire a montré que la pollution de l'eau est principalement due à des fuites dans le système de collecte des eaux usées de la ville, qui se déversent directement dans le canal. Ces flux sont également la principale source d'émissions de GES de la compagnie (méthane et protoxyde d'azote, qui ont un potentiel de réchauffement extrêmement élevé). Les émissions résultant du rejet direct d'eaux non traitées ont été estimées à 579 900 kg d'équivalent CO$_2$ au niveau de la ville. Outre les émissions de gaz à effet de serre, l'eau de la rivière Ping est polluée par les effluents d'eaux usées.

BÉNÉFICIAIRES :

sur une population de 137 000 habitants, 50 % étaient raccordés aux égouts et environ 30 % des eaux usées collectées étaient traitées dans l'usine de traitement.

DESCRIPTION DU PROJET

DATES DU PROJET : 2014 - 2018

- **Sources d'émissions de gaz à effet de serre concernées :** énergie, car les économies d'eau vont réduire les volumes

- **Description des actions visant à réduire les émissions de GES :**
> l'outil ECAM du projet WaCCliM a été utilisé pour identifier les sources directes et indirectes de CO$_2$, CH$_4$ et N$_2$O à toutes les étapes du traitement. L'optimisation de l'efficacité énergétique des pompes et la réparation des fuites devraient permettre de réduire les émissions d'au moins 12 %. En outre, la coopération entre WaCCliM et la WMA en Thaïlande a permis de sensibiliser la population locale aux défis rencontrés par le secteur des eaux usées et à la nécessité d'améliorer la gestion des eaux urbaines.

COÛT DU PROJET : n/a

Pompage solaire, assainissement écologique, organisation de comités de gouvernance locaux

4

SECTEUR :

Captage, traitement et distribution décentralisée, assainissement écologique

PROMOTEUR DU PROJET :
Électriciens sans frontières

CONTEXTE

LIEU : région des Plateaux, près de la ville de Notsé, Togo

TYPE DE TERRITOIRE : RURAL

CONTEXTE PRÉALABLE À L'ACTION : aucun accès à l'eau, à l'assainissement ou à l'électricité dans 9 villages

BÉNÉFICIAIRES :
85 000 bénéficiaires directs ou indirects, 9 villages ruraux, 3 écoles secondaires (1 lycée, 2 collèges), 3 écoles primaires, 6 dispensaires

DESCRIPTION DU PROJET

- **Sources d'émissions de gaz à effet de serre concernées :** émissions liées à l'énergie (scope 2) et émissions liées au traitement (scope 1)

- **Description des actions visant à réduire les émissions de GES :**
> les mesures d'atténuation prises dans le cadre du projet consistent en l'installation de pompes solaires pour extraire l'eau, de latrines à double fosse accompagnées d'un assainissement par plantes filtrantes, et d'un puits sec pour permettre la réutilisation des boues dans l'agriculture. Des actions ont été mises en œuvre pour collecter les déchets et organiser leur gestion afin de préserver les cours d'eau et les sols.

COÛT DU PROJET : 720 000 € + travail bénévole d'une valeur de 300 000 €

5 — Projet Vaimamara, électricité produite par des turbines alimentées par de l'eau potable

SECTEUR :

service d'eau

PROMOTEUR DU PROJET :
Société polynésienne
des eaux (filiale de SUEZ)

CONTEXTE

LIEU : vallée de Titioro, Papeete, Tahiti, Polynésie française, France

TYPE DE TERRITOIRE : VILLE

CONTEXTE PRÉALABLE À L'ACTION :
en Polynésie, 70 % de l'électricité provient de combustibles fossiles. C'était le cas pour le service d'eau de Papeete. L'utilisation de combustibles fossiles entraîne également des risques de pollution du milieu terrestre et marin, et en particulier des récifs coralliens. En outre, l'augmentation du prix des combustibles fossiles s'accompagne d'une hausse du tarif de l'eau pour les habitants.

BÉNÉFICIAIRES :

30 000 habitants de Papeete

DESCRIPTION DU PROJET

- **Sources d'émissions de gaz à effet de serre concernées :** réduction des émissions liées à l'énergie (scope 2) grâce à l'utilisation d'hydroélectricité

- **Description des actions visant à réduire les émissions de GES :**
> l'objectif est de couvrir 80 % des besoins en électricité du service de l'eau grâce à des énergies renouvelables (fourniture de 130 MWh/an sur les 160 MWh/an consommés par le service). L'hydroélectricité produite par des micro-turbines remplace les combustibles fossiles utilisés pour générer l'électricité dont le service d'eau a besoin pour produire de l'eau potable et la distribuer. Cela diminue le coût de l'eau potable (il était d'environ 0,20 €/kWh avec les combustibles fossiles). L'objectif est de stabiliser le prix alors que les prix des combustibles fossiles vont probablement augmenter. Utilisation de deux micro-turbines de type turbine-pompe de 15 kW et 30 kW

COÛT DU PROJET : 144 000€, aide fiscale à l'investissement outre-mer de 17 000 €

6 — Cométha

SECTEUR :

Recyclage des boues d'épuration

PROMOTEUR DU PROJET :
SIAAP et SYCTOM

CONTEXTE

LIEU : usine « Seine Aval » du SIAAP, Île-de-France, France

TYPE DE TERRITOIRE : URBAIN

CONTEXTE PRÉALABLE À L'ACTION :
la partie non réutilisable des déchets organiques est généralement incinérée avec les ordures ménagères, et la plupart des boues sont épandues dans les champs.

BÉNÉFICIAIRES :

l'usine a une capacité de 750 000 équivalents-habitants

DESCRIPTION DU PROJET

- **Sources d'émissions de gaz à effet de serre concernées :** émissions évitées grâce au recyclage des boues (scope 3)

- **Description des actions visant à réduire les émissions de GES :**
> l'action consiste à rassembler une partie non valorisable des déchets organiques issus des ordures ménagères, du traitement des eaux usées et du fumier de cheval de Maisons-Laffitte pour la transformer en biogaz qui, après purification, pourra être recyclé sous d'autres formes (biométhane et énergie thermique). Ce biogaz est injecté dans le réseau urbain.

PHASE 1 EN 2018-2019 : travaux de recherche et essais, phase 2 en 2020 : conception, construction et exploitation de 2 unités pilotes pour le traitement par co-méthanisation.

DATES DU PROJET : depuis 2017 (toujours en cours)

COÛT DU PROJET : études + R&D + unités pilotes = 23 M €. Projet financé à parts égales par le SIAAP et le SYCTOM. Le financement de l'Agence de l'Eau Seine-Normandie est de 17 600 €.

Projet sur les eaux grises, Gaza, Palestine

7

SECTEUR :

Traitement des eaux usées

(traitement des eaux grises à la source, réutilisation)

PROMOTEUR DU PROJET :
Secours Islamique France

CONTEXTE

LIEU : gouvernorats de Gaza, Gaza Nord, Dair al-Balah, Khan Younis et Rafah, Palestine

TYPE DE TERRITOIRE : RURAL, ISOLÉ

CONTEXTE PRÉALABLE À L'ACTION : l'eau du robinet n'est pas potable (infrastructures endommagées, alimentation électrique irrégulière). 90 % des foyers de Gaza achètent de l'eau produite à partir d'eau de mer dessalée (10 à 30 fois plus chère que l'eau du robinet et de mauvaise qualité). Ces familles ont peu de moyens, elles vivent de la production de leurs potagers qui garantissent leur sécurité alimentaire et leur procurent un revenu. Le projet est situé dans des zones non desservies par le réseau d'assainissement public.

BÉNÉFICIAIRES :

320 foyers au total, soit 1 824 personnes équipées (100 foyers en 2021)

Les économies d'eau générées par l'unité de traitement des eaux grises sont estimées à 64 % (460 litres recyclés sur les 720 consommés quotidiennement par chaque foyer).

DESCRIPTION DU PROJET

- **Sources d'émissions de gaz à effet de serre concernées :** réduction des émissions liées à l'énergie (scope 1) grâce aux économies d'eau, et émissions liées au traitement (scope 1) en raison de la réduction des volumes traités dans les usines.

- **Description des actions visant à réduire les émissions de GES :**
> Objectif 1 : augmenter le recyclage des eaux grises et leur réutilisation par les foyers.
> Objectif 2 : promouvoir les connaissances et la valeur ajoutée du traitement des eaux grises auprès des communautés, des organisations du secteur de l'eau, de l'assainissement et de l'hygiène, et des autorités et institutions locales. Le projet permet de réduire les rejets dans l'environnement, les volumes d'eaux usées qui passent par les usines de traitement de l'eau de Gaza du fait du traitement à la source et les inondations dues à la surcharge des usines de traitement.

COÛT DU PROJET : 644 013 € dont 203 514 € pour la troisième phase réalisée en 2021

LA PORTÉE DES ÉCONOMIES D'ÉNERGIE est estimée à 153 kWh
PORTÉE DES ÉMISSIONS ÉVITÉES :
68,8 kg éq. CO_2

Des toilettes au robinet

8

SECTEUR :

traitement des eaux usées

ROMOTEUR DU PROJET :
Veolia

CONTEXTE

LIEU : Windhoek, Namibie

TYPE DE TERRITOIRE : URBAIN

CONTEXTE PRÉALABLE À L'ACTION :
La ville de Windhoek est située dans une zone extrêmement aride. Les eaux souterraines couvrent 40 % des besoins du pays, l'eau est également prélevée et transférée à partir de 3 barrages. La demande en eau augmente. Les sources classiques n'étant plus en mesure de satisfaire les besoins en eau depuis les années 1960 déjà, la ville a tenté de réduire la demande et d'augmenter les ressources disponibles (stockage dans des barrages, réutilisation de l'eau et gestion optimisée des aquifères).

BÉNÉFICIAIRES :

400 000 habitants alimentés en eau potable (région du Grand Windhoek)

DESCRIPTION DU PROJET

- **Sources d'émissions de gaz à effet de serre concernées :** réduction des émissions liées à l'énergie (scope 2) et des émissions liées au traitement (scope 1)

- **Description des actions visant à réduire les émissions de GES :**
> afin de réduire la demande en eau, la ville cherchait à diminuer les pertes dans le système de distribution et à adapter le traitement aux exigences en matière de qualité de l'eau. Elle a mené des campagnes de communication sur les économies d'eau, mis en place un système de tarification incitative et progressive et restreint l'usage d'eau pendant les périodes de stress hydrique. La ville dispose d'un système de double réseau qui comprend un réseau pour l'eau non potable. Tout excédent des années humides est injecté dans l'aquifère situé sous la ville et sert de réserve pour les années de sécheresse (recharge maîtrisée des aquifères). Cette solution couvre 35 % des besoins de la ville et permet de lutter contre les pénuries chroniques.

COÛT DU PROJET : en 2001, les investissements (CAPEX et OPEX) pour les deux services ont été estimés entre 3 et 27 N$ par m³ et entre 19 et 20 N$ par m³ en 2018 pour Namwater et entre 5 et 71 N$ par m³ et à 13-00 N$ par m³ en 2018 pour Goreangab. Le coût de l'usine a été estimé à 110 millions de dollars namibiens en 2001, il s'élève aujourd'hui à environ 400 millions de dollars namibiens.

9 — As Samra

SECTEUR :

traitement des eaux usées

PROMOTEUR DU PROJET :
Suez

CONTEXTE

LIEU : Grand Amman, Jordanie

TYPE DE TERRITOIRE : URBAIN

CONTEXTE PRÉALABLE À L'ACTION : La région connaît des pénuries d'eau et une forte croissance démographique. Amman se trouve au milieu du désert. L'usine répond aux besoins de la population, du secteur agricole et de l'industrie.

BÉNÉFICIAIRES :

2,2 millions d'habitants ; 3,5 millions prévus en 2025.

DESCRIPTION DU PROJET

- **Sources d'émissions de gaz à effet de serre concernées :** réduction des émissions liées à l'énergie (scope 2) et des émissions liées au traitement (scope 1)

- **Description des actions visant à réduire les émissions de GES :**
> l'usine a été agrandie en 2012 et sa capacité est passée de 267 000 à 364 000 m³/jour. La station recycle les eaux usées et produit une eau de qualité suffisante pour être réutilisée pour l'irrigation. L'usine produit de l'énergie renouvelable (turbines hydroélectriques) sur place et les boues sont recyclées en biogaz. L'usine produit 80 % de ses besoins énergétiques. Les boues résiduelles sont transformées en granulés et réutilisées comme combustible ou engrais agricole. L'usine couvre environ 10 % des besoins de l'agriculture en Jordanie. L'optimisation des procédés de traitement a permis de restaurer la qualité de l'eau de la rivière Zarqa.

COÛT DU PROJET : 169 millions de dollars (phase 1) + 267 millions de dollars (phase 2).

PORTÉE DE LA RÉDUCTION DES ÉMISSIONS DE GES :
environ 300 000 tonnes de CO_2 sont économisées chaque année par la production d'énergie renouvelable de l'usine.

10 — Ville résiliente à l'eau

SECTEUR :

assainissement et eau potable

PROMOTEURS DU PROJET :
Veolia, Municipalité d'eThekwini

CONTEXTE

LIEU : Durban, Afrique du Sud, bassin de la rivière uMngeni, Municipalité d'eThekwinin, unité administrative de KwaZulu-Natal.

TYPE DE TERRITOIRE : URBAIN

CONTEXTE PRÉALABLE À L'ACTION : Durban est en situation de stress hydrique, les réservoirs des barrages sont régulièrement à un niveau 20 % inférieur à la moyenne. Un quart des habitants vivent dans des logements informels avec un accès incertain à l'eau. Cette population pauvre est particulièrement vulnérable aux bouleversements, au stress climatique et aux catastrophes naturelles. Les solutions « habituelles », comme la construction de nouveaux barrages ou de nouvelles usines de traitement, ou le transfert d'eau depuis d'autres bassins, ont atteint leurs limites pour résoudre ces problèmes.

BÉNÉFICIAIRES :

3 158 000 habitants de la Municipalité d'eThekwini

DESCRIPTION DU PROJET

- **Sources d'émissions de gaz à effet de serre concernées :** réduction des émissions liées à l'énergie (scope 2) et des émissions liées au traitement (scope 1)

- **Description des actions visant à réduire les émissions de GES :**
> Veolia recycle 98 % des eaux usées de l'usine de traitement SWTW (Stellenbosch Wastewater Treatment Works), qui sont ensuite utilisées par les industries locales pour leurs propres processus de production, ce qui permet de réduire les prélèvements d'eau douce. Durban a également mis en place un partenariat entre communes qui mobilise plusieurs parties prenantes afin de mettre en œuvre des mesures de préservation de la biodiversité et d'adaptation. L'objectif de ces mesures est de préserver les ressources en eau et de limiter les effets des catastrophes naturelles en restaurant les infrastructures écologiques et en protégeant les services écosystémiques. Le service en charge de l'eau et de l'assainissement a initialement mené cette initiative dans le cadre de la gestion intégrée des problématiques liées à la biodiversité, au climat et à la pauvreté au niveau du système social et écologique de la biorégion. L'objectif était d'améliorer la résilience du système.

PORTÉE DES ÉCONOMIES D'EAU ET D'ÉNERGIE :
47 000 m³ d'eau douce économisés.
En recyclant les eaux usées, les industries locales économisent plus de 5 millions d'euros par an.

Assainissement écologique dans la province de Tiznit, Maroc

11

SECTEUR :

traitement des eaux usées

PROMOTEUR DU PROJET :
Association Migrations et Développement

CONTEXTE

LIEU : villages d'Assaka et Akal Melloulne dans la commune de Ouijjane, Province de Tiznit, Maroc

TYPE DE TERRITOIRE : RURAL, ISOLÉ

CONTEXTE PRÉALABLE À L'ACTION : Tous les villages étaient raccordés au réseau d'eau potable en 2014, mais en l'absence de systèmes d'assainissement, cela créait des problèmes liés notamment à l'augmentation des rejets d'eaux usées dans le milieu naturel proche des villages, qui entraînaient à leur tour des risques de pollution au niveau des nappes phréatiques, des cours d'eau et des sols, et accroissaient la fréquence des maladies hydriques.

BÉNÉFICIAIRES :
944 bénéficiaires (190 foyers)

DESCRIPTION DU PROJET

DATES DU PROJET : 2017-2020

- **Sources d'émissions de gaz à effet de serre concernées :** réduction des émissions liées au traitement (scope 1) par le biais d'un système d'assainissement écologique (économies d'énergie, diminution de l'utilisation de réactifs, etc.)

- **Description des actions visant à réduire les émissions de GES :**

> le système d'assainissement choisi pour ce projet, c'est-à-dire des lits de roseaux filtrants, n'est pas encore très utilisé au Maroc. Cette solution permet de réduire les pressions sanitaires et environnementales exercées par les populations humaines et l'environnement naturel. Elle permet également une réutilisation rentable des eaux usées pour développer l'agriculture locale. La solution des plantes filtrantes est adaptée aux villes rurales comptant moins de 2 000 habitants. Cette solution ne nécessite pas un gros budget et les roseaux peuvent être réutilisés une fois coupés.

COÛT DU PROJET : 590 937 €

Développement d'une politique volontariste de gestion intégrée des eaux de pluie

12

SECTEUR :

gestion des eaux de pluie, assainissement

PROMOTEUR DU PROJET :
Roannaise de l'eau

CONTEXTE

LIEU : le Roannais, Loire, France

TYPE DE TERRITOIRE : URBAIN/ SUBURBAIN/RURAL

CONTEXTE PRÉALABLE À L'ACTION : cette politique a été mise en place pour répondre aux problèmes associés aux risques d'inondation, comme le débordement des bassins d'eaux pluviales. À Roanne, 20 % des effluents aqueux ne sont pas traités lors des épisodes pluvieux, ce qui constitue une source majeure de pollution de l'eau. Le coût de leur traitement (bassins de pollution) a été estimé à 47 millions d'euros, ce qui était trop cher pour la collectivité locale de l'agglomération roannaise, qui a cherché d'autres solutions.

BÉNÉFICIAIRES :
102 574 habitants sur le territoire couvert par la Roannaise de l'eau, soit 40 communes

DESCRIPTION DU PROJET

- **Sources d'émissions de gaz à effet de serre concernées :** réduction des émissions liées au traitement (scope 1) grâce à un traitement alternatif des eaux de pluie avec des SFN.

- **Description des actions visant à réduire les émissions de GES :**

> plutôt que de traiter les eaux de pluie, il s'agit de limiter au maximum le ruissellement en diminuant les surfaces imperméables et en permettant ainsi à l'eau de s'infiltrer à l'endroit où elle tombe. L'objectif du syndicat est de déconnecter 32 hectares de surfaces imperméables sur une période de 10 ans. Il s'attache également à sensibiliser le grand public aux questions liées à la gestion des eaux de pluie et aux infrastructures (panneaux d'information). Enfin, des lignes directrices pour une « Eau responsable » ont été établies pour aider les autorités locales à imaginer des stratégies de gestion de l'eau. 15 municipalités représentées dans ce syndicat se sont engagées dans cette voie.

COÛT DU PROJET : en donnant la priorité aux mesures de déconnexion et de désimperméabilisation, le coût du plan d'action visant à mettre aux normes le système d'assainissement de Roanne a été ramené de 47 M€ à 32 M€.

13 Protection des ressources en eau pour limiter le traitement

SECTEUR :
production

PROMOTEUR DU PROJET :
Eau de Paris

CONTEXTE

LIEU : régions Bourgogne-Franche-Comté, Grand Est, Normandie, Centre-Val de Loire, Île-de-France (France)

ÉTAT DES BASSINS VERSANTS : problèmes locaux de qualité (certains polluants de type nitrates et pesticides).

TYPE DE TERRITOIRE : APPROVISIONNEMENT D'UNE VILLE TRÈS URBANISÉE (PARIS), mais les projets de captage sont situés en zone rurale.

CONTEXTE PRÉALABLE À L'ACTION : Depuis 1990, Eau de Paris met en œuvre des actions visant à protéger les ressources, en particulier depuis la création du service de gestion.

BÉNÉFICIAIRES :

3 millions d'utilisateurs quotidiens

DESCRIPTION DU PROJET

DATES DU PROJET : 2021-2026

- **Sources d'émissions de GES concernées :** réduction des GES liés à la potabilisation industrielle et à la séquestration du carbone des zones naturelles.

- **Description des actions visant à réduire les émissions de GES :**
> Séquestration du carbone par le maintien des prairies ou la conversion des sols en prairies, ou conversion de zones à fort intérêt écologique (haies, zones humides tampons) ;
> Réduction des émissions liées aux activités industrielles, une meilleure qualité des sources d'eau permettant de réduire le traitement par potabilisation, ainsi que les émissions associées.

COÛT DU PROJET : le plan de soutien à l'agriculture représente 47 millions d'euros d'aide annuelle (dont 37 millions d'euros financés par l'Agence de l'Eau Seine Normandie et 10 millions d'euros apportés par Eau de Paris).

RETOUR D'EXPÉRIENCE : environ 150 exploitants agricoles se sont engagés auprès d'Eau de Paris (agriculture biologique, réduction des intrants agricoles, augmentation des prairies, diversification des cultures, plantation de haies).

Projets de l'Astee

Fiche	Intitulé	Porteur du projet	Type d'action			Impact GES	Emmissions GES réduites / évitées	Coût d'investissement	Reproductibilité
			Technique	Organisationnel	Comportemental				
1	**Production de biogaz**	Grenoble Alpes Métropole	Réduction des volumes de boues et des besoins en fioul; Transformation du biogaz en bicméthane	Stratégie de développement; modèle économique	Partenariat; Innovation	★★★★★	Réduction d'émissions induites et augmentation d'émissions évitées	€€€€	★★★
2	**Géothermie**	Eau de Paris	Pompe à chaleur sur une réserve d'eau sous-terraine	Partenariat pour la vente de chaleur	Changement de paradigme	★★★★★	Augmentation d'émissions évitées	€€€€	★★
3	**Décarbonatation**	Suez – Climat Mundi	Décarbonatation de l'eau potable par la chaux	Communiquer sur l'impact des dépots calcaires sur la consommation des foyers	Analyse des comportements ; Sensibilisation à réduire la consommation d'eau en bouteille	★★	Augmentation d'émissions évitées	€€€€	★★★★
4	**Réactifs bas carbone**	Eau de Paris	Remplacement de matériaux des filtres	Politique d'achat	Partenariat de recherche	★★★	Réduction d'émissions induites	€	★★★★★
5	**Économie d'énergie**	Eau de Paris	Actions de réduction de consommation	Plan d'efficacité énegétique Financement par CEE	Démarche de certification ISO 50000-1	★★	Réduction d'émissions induites	€	★★★★★
6	**Optimisation hydraulique**	Grenoble Alpes Métropole	Modification des ouvrages de decantation	Elimination des réactifs	Partenariat de recherche	★★★	Réduction d'émissions induites	€	★★★★
7	**Optimisation du prétraitement**	Grenoble Alpes Métropole	Nouveau compacteur Valorisation des graisses en digestion	Stratégie de réduction des transports	Partenariat de recherche	★★★★	Réduction d'émissions induites	€€	★★★
8	**Assainissement non collectif**	Aquatiris – Alternative Carbone	Phytoépuration locale sans fosses toutes eaux	Comparaison de filières alternatives	Implication des habitants	★★	Réduction d'émissions induites	€	★★
9	**Récupération de chaleur des eaux usées**	Veolia - Issy Energies Vertes	Echangeur thermique déportés (limite l'encrassement)	Partenariat pour la vente de chaleur et de froid	Adopter de nouveaux services énergétiques, via la récupération de la chaleur des eaux usées	★★★★★	Augmentation d'émissions évitées	€€€	★★★★
10	**Optimisation Incinération**	Le Havre Seine Maritime - Veolia	Régulation en temps réel en utilisant l'intelligence artificielle	Gestion des flux pour éviter les vides de four	Développement de compétences en numérique	★★★★	Réduction d'émissions induites	€	★★★★
11	**Pompes optimisées**	SAUR - Usines d'eau potable	Optimisation érergétique des pompes	Planification des renouvellements	Innovation numérique	★★	Réduction d'émissions induites	€	★★★★★

Attention ! Ce tableau est donné à titre indicatif. Avant de comparer deux projets entre eux il faut prendre en compte les considérations suivantes :

Potentiel de réduction des GES : il faut différencier les projets qui permettent d'éviter des émissions et ceux qui permettent de réduire des émissions induites

Coûts d'investissements : les coûts présentés sont ceux liés à l'investissement pour la mise en place de la solution mais certains projets peuvent être rentabilisés très rapidement au regard des gains financiers d'exploitation d'une solution

Reproductibilité :
- les projets recensés ne sont pas tous de même échelle (agglomérations de taille très différentes)
- la solution de phytoépuration concerne l'assainissement non collectif, difficilement comparable à une station de traitement des eaux usées

     **SOBRIÉTÉ** **ÉCONOMIE CIRCULAIRE** **CHOIX STRATÉGIQUES**

Annexe **Glossaire**

Risque et changement climatique

Adaptation : Il s'agit de l'anticipation des impacts du changement climatique et du processus d'ajustement pour réduire la vulnérabilité des systèmes naturels et humains à ces impacts.

Impact : L'impact désigne l'effet d'un risque climatique sur les systèmes naturels et humains. Ces effets se manifestent de manière localisée sur la vie des personnes, leurs moyens de subsistance, leur santé, les écosystèmes, le patrimoine économique, social et culturel, les services et les infrastructures. Dans ce sens, les termes «conséquences» ou «impacts» sont également utilisés.

Atténuation : Actions visant à limiter l'ampleur du changement climatique en réduisant les émissions directes et indirectes de gaz à effet de serre. Par exemple, la réduction de la consommation d'énergie fossile ou la réduction des émissions de N_2O provenant des eaux usées sont des actions d'atténuation.

Vulnérabilité : La vulnérabilité caractérise la propension ou la susceptibilité d'un système à être endommagé. Elle englobe divers concepts, dont la sensibilité ou la fragilité et l'incapacité à faire face et à s'adapter. Elle dépend donc de multiples facteurs : inégalités socio-économiques, développement urbain du territoire, mise en œuvre de stratégies d'adaptation, etc. Elle est donc liée aux choix politiques et aux stratégies développées localement.

Gaz à effet de serre et émissions de carbone

Évaluation de l'empreinte carbone : Évaluation des GES sur les scopes 1, 2 et 3, basée sur les émissions à chaque étape du système étudié et sur le cycle de vie des produits achetés ou fabriqués.

Facteurs d'émission (ou facteurs d'élimination des gaz à effet de serre) **(FE) :** ce facteur est utilisé pour transformer une donnée d'activité physique (donnée d'activité) en une quantité d'équivalent CO_2.

Gaz à effet de serre (GES) : constituant gazeux de l'atmosphère, naturel ou anthropique, qui absorbe et émet des rayonnements d'une longueur d'onde spécifique dans le spectre du rayonnement infrarouge émis par la surface de la Terre, l'atmosphère et les nuages. Les principaux gaz à effet de serre sont le dioxyde de carbone (CO_2), le méthane (CH_4), le protoxyde d'azote (N_2O) et l'ozone (O_3).

Émissions évitées de GES : ces émissions de GES doivent être comptabilisées séparément des scopes 1, 2 et 3, car elles concernent une réduction des émissions de GES en dehors du service public, par l'utilisation par un tiers d'un sous-produit de processus. Ils sont calculés sur la base d'un scénario de référence qui doit être documenté. Par exemple, pour les services d'eau et d'eaux usées : fourniture d'énergie électrique ou thermique à un tiers pour qu'il l'utilise comme une énergie renouvelable à la place d'une énergie basée sur des combustibles fossiles, fourniture de biosolides aux agriculteurs comme amendement agricole à la place d'engrais chimiques basés sur des combustibles fossiles.

Évaluation des émissions de GES : évaluation de la quantité totale de gaz à effet de serre (GES) émise dans l'atmosphère sur une année par les activités d'une organisation, exprimée en tonnes équivalentes de dioxyde de carbone.

Étendue des émissions de GES : On distingue trois catégories d'émissions à l'intérieur du périmètre du service public : les émissions directes de GES (scope 1), les émissions indirectes de GES liées à l'énergie (scope 2) et les autres émissions indirectes de GES (scope 3).

- **Émissions directes de gaz à effet de serre (scope 1) :** Les émissions de GES provenant de sources appartenant ou contrôlées par l'organisation (associées à la catégorie d'émission 1 ou au scope 1).
- **Émissions indirectes de gaz à effet de serre liées à l'énergie (scope 2) :** Émissions de GES provenant de la production d'électricité, de chaleur ou de vapeur importée et consommée par l'organisation.
- **Émissions indirectes de gaz à effet de serre liées à l'énergie (scope 3) :** Les émissions de GES associées aux produits et services achetés, vendus ou éliminés par l'entreprise, y compris leur cycle de vie.

Services d'eau, d'assainissement et d'eaux pluviales :

Gestion des eaux pluviales : Ensemble des mesures prises par l'homme pour mieux maîtriser les flux d'eau générés par les précipitations et le ruissellement dans les zones résidentielles.

Services d'eau et d'assainissement : Les services d'eau et d'assainissement comprennent le cycle urbain de l'eau, c'est-à-dire toutes les étapes depuis la collecte des eaux brutes, la production d'eau potable, la distribution à l'usager jusqu'au rejet de l'eau traitée après épuration dans son milieu naturel. En France, les services publics d'eau et d'assainissement sont responsables de la gestion durable des ressources en eau potable, du traitement et de la collecte des eaux usées et des eaux pluviales avant leur restitution au milieu récepteur. Le secteur agricole et les industries jouent également un rôle dans la préservation de la qualité et de la quantité des ressources en eau.

IWA Publishing's authorised EU representative for General Product
Safety Regulations is Diane D'Arras, 15 rue Duret, 75116 Paris,
France, e-mail: safety@iwap.co.uk.

Printed and bound by CPI Group (UK) Ltd, Croydon, CR0 4YY

12/05/2026

02108878-0005